水果农药残留风险评价及管理

王冬群　　王旭强　　编著

U0313693

ZHEJIANG UNIVERSITY PRESS
浙江大学出版社

图书在版编目(CIP)数据

水果农药残留风险评价及管理 / 王冬群,王旭强编
著.—杭州:浙江大学出版社,2016.7
　　ISBN 978-7-308-15880-0

　　Ⅰ.①水… Ⅱ.①王… ②王… Ⅲ.①水果—农药残
留—风险评价②水果—农药残留—质量管理 Ⅳ.①S481

　　中国版本图书馆 CIP 数据核字(2016)第 108637 号

水果农药残留风险评价及管理

王冬群　　王旭强　　编著

责任编辑	杜玲玲
责任校对	潘晶晶　秦　暇
封面设计	杭州林智广告有限公司
出版发行	浙江大学出版社
	(杭州市天目山路 148 号　邮政编码 310007)
	(网址:http://www.zjupress.com)
排　版	杭州林智广告有限公司
印　刷	杭州杭新印务有限公司
开　本	710mm×1000mm　1/16
印　张	13.75
字　数	184 千
版 印 次	2016 年 7 月第 1 版　2016 年 7 月第 1 次印刷
书　号	ISBN 978-7-308-15880-0
定　价	58.00 元

前　言

　　加强水果质量安全监管，提升果品质量安全水平，是新阶段提高果业综合生产能力、增强果品市场竞争力的必然要求，也是加快发展优质、高产、高效、生态、安全果品生产，建设现代果业的重要举措，更是坚持以人为本、对人民负责的具体体现。

　　水果安全包括水果数量安全、水果质量安全和水果可持续安全三个方面。我国是一个人口大国，几十年来，由于长期受到"水果短缺"的影响，我们在追求水果数量供应的同时在一段时间里忽视了水果质量安全，对水果安全的认识大多只停留在卫生这个层面上。近十几年来，随着科学技术的进步和生产方式的转变，我国农业有了较快发展，特别是自我国进入全面建成小康社会决胜阶段以来，人们对水果的消费逐步从数量型向质量型转变，不仅要求水果品种齐全、数量充足和周年供应，而且更关心其内在质量，包括营养成分、有毒有害物质残留等情况。

　　加入 WTO 后，我国对外贸易的国际环境得到较大改善，同时，我国水果产品也面临着国外水果的直接竞争。激烈的国际竞争引发一些发达国家对我国出口水果实施技术贸易壁垒，其中质量安全问题成为阻碍我国水果国际贸易的最大障碍之一。为了应对加入 WTO 对我国水果贸易提出的巨大挑战，应尽快着手改善水果质量安全状况，提高水果产品的竞争力，突破发达国家构建的各种技术贸易壁垒。

　　水果质量安全直接影响居民健康状况和生命安全，同时也是影响人们对经济和社会安全预期的重要参考指标。在过去相当长的一段时间里，我国水果供给不足，水果生产者为提高水果产量，在种植过程中大量使用农药,致使水果农药残留量严重超标,并对环境造成污染,严重影响人们生命健康和生活质量。生产过程中不合理使用农药造成水果污染及水果质量下降,已成为制约农村经济和农业生产可持续发展的重要因素。同时,随着水果供求进入总量基本平衡、丰年有余的新阶段,生活水平不断提高,人们越来越关注和忧虑农药污染造成的水果质量安全问题。

目前以水果为对象,系统地对其安全问题进行研究较少,从水果质量安全风险角度进行的研究更少。水果质量安全水平的高低,直接影响农业产业的健康发展。发展现代农业、提升水果市场竞争力,质量安全是关键。全面了解、掌握水果农药污染的现状和动态,将有利于指导水果的科学生产,有利于水果的出口。我们在过去的十几年里对农产品农药残留检测技术进行了研究,对慈溪市水果农药污染情况进行了全面、系统的调查、取样、定量检测和评价,并提出了相应的防治措施,为当地水果的持续、稳定和协调发展提供了科学依据,为农业科研工作者提供了大量基础性数据。这些研究成果可作为慈溪市水果质量安全发展趋势方面研究的背景参考资料,也可为相关工作人员提供参考。

该书的内容主要为作者在 2008－2015 年期间所做的工作总结和心得,前后持续了 8 年,时间跨度较大。在 8 年中相关标准变化比较大,有的已经废止,有的已经更新,因此在每节都注明了工作时间,亦成文于当时。用当时有效的标准判定当时的样品反映了特定时期的情况,因此本书未对标准作更新。望读者不要被误导,在工作中应使用有效标准。

本书在编写过程中得到了各位同行的悉心指导和帮助,在此表示感谢。由于编著者的水平和能力有限,书中难免出现疏漏和不妥之处,恳请各位读者批评、指正。

王冬群

2016 年 3 月

目　录

第 1 章　水果农药残留与风险评价 ·················· 1

　第 1 节　慈溪市水果产业发展概况 ·············· 1

　第 2 节　水果中禁用的农药 ··················· 4

　第 3 节　水果质量安全风险评价理论与方法 ·········· 6

　　1　农药残留危害识别 ··················· 7

　　2　农药残留危害描述 ··················· 8

　　3　农药残留的膳食暴露评估 ··············· 9

　　4　农药残留风险特征描述 ················· 10

　　5　风险分析内涵 ····················· 11

　　6　常用风险评估方法 ··················· 12

第 2 章　慈溪市草莓质量安全风险评价 ············ 21

　第 1 节　晴好天气情况下的慈溪市草莓农药残留调查与分析 ··· 21

　　1　材料与方法 ······················ 21

　　2　结果与分析 ······················ 22

　　3　讨论 ·························· 23

　第 2 节　连续阴雨天气对草莓质量安全水平的影响 ······· 25

　　1　材料与方法 ······················ 25

　　2　结果与分析 ······················ 26

3　讨论 ……………………………………………………………… 30

第3节　2010—2013年慈溪市草莓农药残留与风险评价 ……… 33

　　1　材料与方法 …………………………………………………… 33

　　2　结果与分析 …………………………………………………… 34

　　3　讨论 …………………………………………………………… 39

第3章　慈溪市梨质量安全风险评价 ………………………………… 41

　第1节　翠冠梨不同组织中农药残留分布规律研究 …………… 41

　　1　材料与方法 …………………………………………………… 41

　　2　结果与分析 …………………………………………………… 42

　　3　讨论 …………………………………………………………… 45

　第2节　基于食品安全指数法评估慈溪市翠冠梨农药残留的风险

　　　　　 …………………………………………………………… 48

　　1　材料与方法 …………………………………………………… 48

　　2　结果与分析 …………………………………………………… 49

　　3　讨论 …………………………………………………………… 53

　第3节　2009—2013年慈溪市梨农药残留调查分析 ………… 55

　　1　材料与方法 …………………………………………………… 55

　　2　结果与分析 …………………………………………………… 57

　　3　讨论 …………………………………………………………… 61

　第4节　慈溪市梨农药残留膳食摄入风险评估 ………………… 64

　　1　材料与方法 …………………………………………………… 64

　　2　结果与分析 …………………………………………………… 68

　　3　讨论 …………………………………………………………… 72

　　4　结论 …………………………………………………………… 74

第4章　慈溪市葡萄质量安全风险评价 ……………………………… 77

　第1节　慈溪市大棚葡萄质量安全风险评价 …………………… 77

    1　材料与方法 ……………………………………………………… 77

    2　结果与分析 ……………………………………………………… 79

    3　讨论 ……………………………………………………………… 82

  第2节　基于食品安全指数法评估慈溪市葡萄农药残留的风险

    ……………………………………………………………………… 85

    1　材料与方法 ……………………………………………………… 85

    2　结果与分析 ……………………………………………………… 86

    3　讨论 ……………………………………………………………… 91

  第3节　慈溪市葡萄农药残留膳食摄入风险评估 ………………… 93

    1　材料与方法 ……………………………………………………… 94

    2　结果与分析 ……………………………………………………… 97

    3　讨论 …………………………………………………………… 101

    4　结论 …………………………………………………………… 102

第5章　慈溪市杨梅质量安全风险评价 ……………………… 106

  第1节　慈溪市地产杨梅农药残留调查 ………………………… 106

    1　材料与方法 …………………………………………………… 106

    2　结果与分析 …………………………………………………… 107

    3　讨论 …………………………………………………………… 107

  第2节　慈溪市外地杨梅质量安全风险评估 …………………… 110

    1　材料与方法 …………………………………………………… 110

    2　结果与分析 …………………………………………………… 111

    3　讨论 …………………………………………………………… 116

第6章　慈溪市桃子柑橘等其他水果质量安全风险评价 ……… 119

  第1节　2009—2013年慈溪市桃子农药残留分析 ……………… 119

    1　材料与方法 …………………………………………………… 120

    2　结果与分析 …………………………………………………… 121

    3　讨论 …………………………………………………………… 124

第2节　散户种植的水蜜桃农药残留膳食摄入风险评估 ……… 127

    1　材料与方法 …………………………………………………… 127

    2　结果与分析 …………………………………………………… 131

    3　讨论 …………………………………………………………… 136

    4　结论 …………………………………………………………… 137

第3节　慈溪市柑橘质量安全风险评价 ………………………… 140

    1　材料与方法 …………………………………………………… 140

    2　结果与分析 …………………………………………………… 141

    3　讨论 …………………………………………………………… 147

第4节　慈溪市水果有机磷农药残留调查及风险评估 ………… 149

    1　材料与方法 …………………………………………………… 149

    2　结果与分析 …………………………………………………… 150

    3　讨论 …………………………………………………………… 153

第5节　2011—2014年慈溪市农产品批发市场水果质量安全情况调
      查及风险评估 …………………………………………………… 156

    1　材料与方法 …………………………………………………… 156

    2　结果与分析 …………………………………………………… 157

    3　讨论 …………………………………………………………… 163

第7章　水果质量安全对策与措施 ……………………………… 165

第1节　影响水果农药残留量的主要因素 ……………………… 165

    1　种植户安全用药意识差 ……………………………………… 165

    2　种植户栽培技术有待进一步提高 …………………………… 166

    3　农药市场管理有待进一步加强 ……………………………… 166

    4　质量监控作用不强,质量安全标准尚不完善 ……………… 167

    5　农药残留检测体系不健全 …………………………………… 167

第2节　水果质量安全对策与措施 ……………………………… 169

1　加大宣传培训力度,提高从业者素质 …………… 169

2　完善水果相关种植技术措施 …………… 170

3　加强农资投入品市场管理 …………… 170

4　推广应用病虫害绿色防控技术 …………… 171

5　科学使用农药 …………… 173

6　严禁使用药袋 …………… 174

7　开展水果产地环境普查 …………… 175

8　建立水果市场准入制度 …………… 175

9　完善水果质量标准体系 …………… 175

10　加强水果"三品一标"认证 …………… 176

附录　水果中农药最高残留限量(MRL)国家标准与农药每日
允许摄入量(ADI) …………… 177

第1章 水果农药残留与风险评价

第1节 慈溪市水果产业发展概况

慈溪市有"两山一水七分地"之称,适合种植水果的土地面积大,水果资源丰富,种类繁多。近年来,随着慈溪农业产业结构的调整和现代农业发展步伐的加快,以市场为导向,以生态条件为依据,以果业增效、果农增收为中心,积极调整水果结构和生产布局,大力发展优势水果,不断壮大特色水果产业,成效显著。水果产业基本形成了特色化、良种化、区域化、规模化、专业化、产业化的生产格局。

慈溪产水果主要由杨梅、蜜梨、葡萄、桃子、柑橘等五大主导产业组成。近几年来,水果产业总体规模稳步扩大,产量产值明显增长,水果品质提升较大。据不完全统计,截至 2011 年慈溪水果总面积达 17.4 万亩*,其中杨梅 7.9 万亩,蜜梨 4.04 万亩,葡萄 3.9 万亩,桃 0.71 万亩,柑橘 0.58 万亩。水果总产量达到 12 万 t,其中杨梅 1.3 万 t,蜜梨 5 万 t,葡萄 3.7 万 t,桃 0.8 万 t,柑橘 0.9 万 t。一般年份葡萄平均价格能达到 8~10 元/kg,桃平均价格能达到 9~12 元/kg,早熟梨平均价格达 2.5~3 元/kg,平均亩产值达到近万元。

水果结构不断优化,生产布局更加合理。慈溪市桃子、葡萄和杨梅等

---

* 1 亩约为 666.7m²,15 亩=1 公顷。考虑到农业生产实际,本书仍采用亩作为土地面积单位。

优势水果不断发展壮大,优势水果集中度明显增长。目前,慈溪市已形成了杨梅、葡萄、蜜梨、柑橘和水蜜桃等五大地产水果生产板块,其主产区在横河、匡堰、新浦、周巷和掌起等镇,其中横河和匡堰两镇的杨梅面积达到4.3万余亩,掌起镇水蜜桃种植面积5000余亩,分别占全市杨梅和水蜜桃总面积的一半以上,而新浦镇的葡萄、周巷镇的蜜梨种植面积也已分别占全市总面积的1/3左右。

慈溪市主要水果品种优势明显。草莓主要种植于横河镇和龙山镇,其他镇(街道)有少量种植,种植的品种主要有红颊、丰香和章姬等。慈溪市种植的草莓均采取设施栽培方式,主要用于鲜食,少部分通过冷冻加工出口国外。慈溪葡萄,以前主要种植于新浦镇,现全市各镇都有种植,主要品种以巨峰、甬优一号为主,还伴有秦龙、红提和红意大利等欧亚葡萄品种。2010年慈溪市葡萄协会出面成功申请了"慈溪葡萄"地理标志证明商标。"慈溪葡萄"地理标志证明商标的注册成功,在提高地方"名特优"产品竞争力、发展特色农副产业、促进农民增收致富方面将起重要的作用。葡萄主要销往山东、北京、江苏和上海等地和省内杭州、台州等地。杨梅是慈溪市特有的名产,慈溪杨梅以名闻遐迩的"荸荠种"和"早大种"杨梅为主,果大、核小、色佳、肉质细嫩、汁多味浓、香甜可口,其品质优势极为明显,鲜食、加工均可。至今,慈溪杨梅已通过各种网络远销到中国香港、新加坡、法国和日本等市场。慈溪素有"中国杨梅之乡"的称谓,人工栽培已有1300余年,野生杨梅更有7000余年历史。宋代大文豪苏东坡曾云:"闽广荔枝,西凉葡萄,未若吴越杨梅。"慈溪杨梅现已通过杨梅原产地保护认证。慈溪蜜梨是浙江的一只名牌农产品。慈溪蜜梨早在明朝成化年间(1465—1487)已有种植,慈溪市蜜梨有黄花、翠冠、新世花、西子绿和幸水等40余只品种。拥有宁波台逸农业有限公司、慈溪市成和梨业有限公司等一批梨业龙头企业。"润昌"品牌被评为浙江省农业名牌、浙江省绿色农产品、浙江十大名梨。慈溪玉露水蜜桃早有盛名,清光绪年间《慈溪县志》曰:"桃有六月桃、七月桃,产北乡沙地曰海桃,七月熟,味最佳。"慈溪掌起镇古窑浦村水蜜桃以"玉露"牌为主打产品,目前有白凤、湖景、玉露、新玉和燕红等 20 余个品种。古窑浦玉露水蜜桃,皮韧而布满茸毛,皮色鲜艳而有红色细点,果肉呈白色,柔软多汁,鲜甜芳香,入口易溶。

专业化程度明显提高,涌现出了大批水果种植专业村、专业户。慈溪市水果生产迈入了专业化生产轨道,生产水平不断提高,现有规模果园一般由专业户经营,并且涌现了大批水果种植专业户。

果园生态旅游,从无到大,发展快速。从每年 6 月中旬开始,相继举行慈溪横河杨梅采摘节、慈溪古窑浦水蜜桃采摘节、慈溪新浦葡萄节、慈溪周巷润昌蜜梨节。慈溪水果采摘游已成为慈溪旅游的一张名片,已成为慈溪市拉动旅游经济发展的新引擎。它吸引了许多长三角地区游客来慈溪旅游。据不完全统计,2010 年约有 40 万的游客前来体验以杨梅采摘游为代表的水果采摘游,享受采摘乐趣,感受农家风情。全年实现旅游收入约 2 亿元,激发了广大果农办旅游的热情,为全市水果产业发展开拓了新途径,取得了良好的经济效益和社会效益。

参 考 文 献

[1] 浙江省慈溪市农林局.慈溪农业志[M].上海:上海科学技术出版社,1991:297.

第 2 节 水果中禁用的农药

目前,在水果生产中使用的农药品种已有 1500 多种,其中常用的有 300 余种。在水果生产中有机化学合成的杀虫剂、杀菌剂使用较多,其中杀虫剂对无公害水果质量安全影响最大。目前,在无公害水果生产中禁用的杀虫剂有三类。

有机氯杀虫剂:有机氯杀虫剂主要包括滴滴涕(DDT)、林丹和六六六(BHC)。我国于 1983 年全国停止生产和禁止使用滴滴涕及六六六。

氨基甲酸酯类杀虫剂:如甲萘威(西维因)、克百威(呋喃丹)和灭多威(万灵)等是高毒高残留杀虫剂,在水果生产中已被严禁使用。

有机磷杀虫剂:目前影响水果安全生产中最主要的杀虫类农药。此类农药占目前使用的杀虫类农药的 70%,而其中 70% 为高毒高残留农药。因其常造成水果农药残留量超标,所以此类农药的使用成为水果安全生产面临的重要问题。目前影响较大的农药有敌百虫、倍硫磷、杀螟硫磷(杀螟松)、辛硫磷和毒死蜱。水果生产中严禁使用的农药有马拉硫磷(马拉松)、对硫磷(1605)、甲拌磷(3911)、甲胺磷、久效磷、杀扑磷、水胺硫磷和氧乐果。

2001 年修订的《农药管理条例》规定:"剧毒、高毒农药不得用于防治卫生害虫,不得用于蔬菜、瓜果、茶叶和中草药材。禁止销售农药残留量超过标准的农副产品"。中华人民共和国农业部于 2002 年 5 月 24 日发布了第 199 号公告,明令禁止使用的农药有六六六,滴滴涕,毒杀芬,二溴氯丙烷,杀虫脒,二溴乙烷,除草醚,艾氏剂,狄氏剂,汞制剂,砷,铅类,敌枯双,氟乙酰胺,甘氟,毒鼠强,氟乙酸钠,毒鼠硅。在果树上不得使用的农药有对硫磷(1605)、甲基对硫磷、甲拌磷(3911)、甲胺磷、久效磷、磷胺、甲基异柳磷、特丁硫磷、甲基硫环磷、治螟磷、内吸磷、克百威、涕灭威、灭线磷、硫环磷、蝇毒磷、地虫硫磷、氯唑磷和苯线磷等 19 种高毒农药。另强调任何农药产品都不得在超过农药登记批准的使用范围使用。

第3节 水果质量安全风险评价理论与方法

风险评估是指在风险事件发生之前或之后(但还没有结束),对该事件给人们生活、生命和财产等各个方面造成的影响和损失的可能性进行量化评估的工作。也就是说,风险评估就是量化测评某一事件或事物带来的影响或损失的可能程度。风险评估对农产品质量安全科学管理、依法监管、正确指导生产和引导消费具有十分重要的意义。《中华人民共和国农产品质量安全法》和《中华人民共和国食品安全法》均确立了风险评估的法律制度,也是目前国际农产品质量安全管理的通行做法,已成为各国纷纷实践并大力推行的一项持续性工作[1]。

《中华人民共和国农产品质量安全法》中规定农产品是指来源于农业的初级农产品,水果就是属于该法中规定的农产品。法律中规定:农产品质量安全是指农产品质量符合保障人的健康、安全的要求。法律中规定的农产品质量安全是根据农产品质量安全标准体系进行判别,其中农产品质量安全标准是强制性的技术规范[2]。目前《GB 2763—2014 食品安全国家标准 食品中农药最大残留限量》[3]是农产品质量安全在农药残留方面判定的国家强制标准,也是进行相关风险评价的一个重要依据。

在水果生产过程中使用农药是为了使水果免受病虫害的侵袭,实现优质高产的目标。然而,农药在使用后一般都会在目标作物上以及环境中产生相应的残留。控制这种风险,就要从农药的使用量、所造成的残留范围及它们的作用效果和致命性,以及该农药的其他来源方式和其他相关农药的暴露上做全面的风险评估,最终确定最大农药使用量,使它既能满足有效地防治病虫害,又能保证农药使用者的风险降到最低,而且还能使水果和环境中的有毒物质残留降低到人类可接受水平。

风险评估一般分为农药残留危害识别、农药残留危害描述、农药残留暴露评估和农药残留风险特征描述等 4 个过程,最后根据风险评估结果提出相应的对策与措施。风险评估有定量、定性和半定量评估三种形式。危害识别采用的是定性方法;危害描述、暴露评估、风险特征描述采用定性与定量结合的方法。

1　农药残留危害识别

危害识别即识别可能对人体健康和环境产生不良效果的风险源,可能存在于某种或某类食品中的生物、化学、物理风险因素,并对其特性进行定性、定量描述的过程。它的目的是识别人体暴露在一种农药残留物质下对健康所造成的潜在的负面影响,识别这种负面影响发生的可能性及与之相关联的确定性和不确定性。

农药残留物的种类和数量与农药的化学性质、结构等特点有关,农药的残留性越大,在食品中的残留量越多,对人体的危害也越大。食用带少量残留农药的农产品,人体自身会降解,但长期食用带有农药残留的农产品,必然会给人体健康带来极大的危害[4]。

根据目前农业生产上常用农药(原药)的毒性综合评价(急性口服、经皮毒性、慢性毒性等),按毒性登记可分为极性毒性、高毒性、中等毒性、轻毒性、几乎无毒性、比较无害等 6 类[5],详见表 1.3.1。

高毒农药(半数致死量 LD_{50} < 50mg/kg)有甲拌磷、治螟磷(苏化203)、对硫磷、甲基对硫磷、内吸磷、杀螟威、砒霜、氧乐果、磷化锌、磷化铝、氰化物、杀虫脒、氯化乙基汞、赛力散、溃疡净、久效磷、磷胺、甲胺磷、异丙磷、三硫磷、呋喃丹、氟乙酰胺氯化苦、五氯酚、二溴氯丙烷和乙基大蒜素等。

中等毒农药(LD_{50} 为 50～500mg/kg)有杀螟硫磷、燕麦敌、乐果、稻丰散、乙硫磷、亚胺硫磷、皮蝇磷、六六六、高丙体六六六、抗蚜威、倍硫磷、敌敌畏、拟除虫菊酯类、毒杀芬、氯丹、滴滴涕、西维因、福美肿、稻脚青、退菌特、代森胺、害扑威、叶蝉散、速灭威、混灭威、克瘟散、稻瘟净、敌磺钠、乙基硫代磺酸乙酯、代森环、2,4-滴和毒草胺等。

低毒农药（$LD_{50} > 500mg/kg$）有敌百虫、去草胺、拉索、杀草丹、2甲4氯、马拉硫磷、乙酰甲胺磷、辛硫磷、三氯杀螨醇、多菌灵、托布津、克菌丹、代森锌、福美双、氟乐灵、苯达松、茅草枯、萎锈灵、异草瘟净、乙膦铝、百菌清、除草醚、敌稗、阿特拉津、绿麦隆、敌草隆和草甘膦等。

表 1.3.1 毒性分类

毒性等级	一般用语	单一喂食剂量 LD_{50}（大鼠）	6只大鼠暴露气体4小时死亡2~4只	皮肤 LD_{50}（兔子）	可能死亡剂量（人类）
1	极性毒性	$\leqslant 1mg/kg$	$< 10\mu L/L$	$\leqslant 5mg/kg$	浅尝
2	高毒性	$1\sim 50mg/kg$	$10\sim 100\mu L/L$	$5\sim 44mg/kg$	一茶匙，4mL
3	中等毒性	$50\sim 500mg/kg$	$100\sim 1000\mu L/L$	$44\sim 350mg/kg$	30mg
4	低毒性	$0.5\sim 5g/kg$	$1000\sim 10000\mu L/L$	$0.35\sim 2.82g/kg$	250mg
5	几乎无毒性	$5\sim 15g/kg$	$10000\sim 100000\mu L/L$	$2.82\sim 22.6g/kg$	1000mg
6	比较无害	$> 15g/kg$	$> 100000\mu L/L$	$> 22.6g/kg$	$> 1000mg$

2 农药残留危害描述

危害描述一般是将毒理学试验获得的数据外推到人，计算人体的每日允许摄入量（Acceptable Daily Intake，ADI）。判定农药残留目前有一套较为完善的评判标准。农药残留的最高残留限量标准是，对农药的毒性进行评估，得到最大无毒作用剂量，再除以100的安全系数，得出每日允许摄入量，最后再按各类水果消费量的多少分配。

我国的农药残留限量标准也是按照这一原则制定的。2014年颁布实施的《GB 2763—2014 食品安全国家标准 食品中农药最大残留限量》是目前国内最完整的强制标准，它规定了农药残留的最高残留限量标准。最高残留限量标准的制定受我国管理水平和农民知识水平的制约，如为了控制农药急性中毒的发生,规定剧毒、高毒农药不得用于蔬菜水果。最高残留限量标准的制定也与检测技术能力有关。伴随着检测技术能力的提高,原来不能检出的农药也能被检出了,这也是现在出现超标现象的原因之一。还有一个引起超标的可能是农药分解引起的。以乙酰甲胺磷为例,它是允许在水果中使用的农药,但它在水果中残留的形式除了乙酰甲胺磷本身之外,还有其代谢物,如甲胺磷,而甲胺磷在 GB 2763—2014 中的限量标准是 0.05mg/kg,是很低的。在标准中没有考虑针对乙酰甲胺磷这种农药,其残留标准应是以乙酰甲胺磷与甲胺磷合计来算的。

使用任何农药均有可能造成残留,但有残留并不等于一定对健康构成危害。国际法典和美国等发达国家也允许在水果中有甲胺磷等剧毒农药残留,并通过制定最高残留限量标准来预防其危害。

目前,欧盟国家采用安全性评价的概念进行水果中农药残留的风险性分析。评价的标准:农药的毒性和人体可能的摄入剂量。前一个指标是世界卫生组织颁布的各种农药的 ADI 值,后一个指标可通过每日人体摄取水果量计算获得,然后与 ADI 值对比,看它所占每日允许摄入量的份额,确定其安全性,占份额越小,说明越安全。对于农药残留采用一个比较切合实际的固定的风险水平,如果预期的风险超过了可接受的风险水平,这种物质就可能被禁止使用[4]。

3　农药残留的膳食暴露评估

暴露评估是风险评估的关键、核心步骤,是风险评估中需要解决技术难点最多的环节之一。膳食暴露评估是对食物或通过其他渠道的生物性、化学性和物理性因子的摄取量的定性和定量的评估。膳食暴露评估在联合国粮农组织和世界卫生组织下的食品添加剂联合专家委员会(Joint FAO/WHO Expert Committee on Food Additives,JECFA)和农药残留联席会议(Joint Meeting of Pesticide Residues,JMPR)的食品化学危害风险评估中起到关键性作用。通过比较膳食暴露评估结果与相应的食品化学物健康指导值,可以确定化学危害物的风险程度。膳食暴露评估可以分为急性暴露评估和慢性暴露评估。急性暴露评估主要针对 24 小时内食物中有害物质暴露情况进行的评估,而慢性暴露评估则是对整个生命周期内平均每日暴露情况进行的评估[6]。

在我国膳食中农药残留总摄入量的估计采用的方法有单一食品的选择研究法、双份膳食研究法和总膳食研究法等。国际上,对于膳食暴露评估的一般方法是:首先采用逐步测试、筛选的方法在尽可能短的时间内利用最少的资源从大量可能存在化学物质中排除掉没有安全隐患的物质,这部分物质无须进行精确的暴露评估;其次,为了有效筛选化学物质并建立风险评估优先机制,筛选过程中不应使用非持续的单点膳食模式来评估消费量。同时还应考虑到消费量的生理极限,确保能够正确评估某种特定化学物质的潜在高膳食暴露水平。另外,必须考虑特殊人群,如大量消费某些特定食品的人群,这是因为某些消费者可能是某些所关注化合物含量极高食品的忠实消费者,有些消费者也可能会偶尔食用这些食品[7]。

4　农药残留风险特征描述

风险特征描述是指在危害识别、危害特征描述和暴露评估的基础上,对评估过程伴随的不确定性、危害发生概率、对特定人群的健康产生已知或潜在不良作用的严重性进行的定性或定量估计。对有阈值的毒性作用和无阈值的毒性作用采用不同的方法来进行风险描述。对于有阈值的,采用 ADI、治疗指数(Therapeutic Index, TI)、急性参考剂量(Acute Reference Dose, ARfD)这些指标来进行风险描述。ADI 和 ARfD 用于故意添加到食品中的物质、农药残留、兽药残留的风险描述。对于不可避免的污染物如环境污染物,常用 TI 来描述。对具有遗传毒性物质的毒性作用,传统假设它没有阈值,并且任意暴露水平都会存在一定的风险,所以没有制定健康指导值。该类物质的风险描述一般遵循以下原则：把剂量保持在可以合理达到的最低水平，把不同暴露水平的风险量化，把能产生类似危害的不同化学物质进行风险分级。

农药残留的风险描述应当遵守以下两个重要原则：农药残留的结果不应当高于"良好农业操作规范"的结果，日摄入食品总的农药残留量（如膳食摄入量）不应当超过可以接受的摄入量。无显著风险水平，指的是即使终生暴露在此条件下，该危害物都不会对人体产生伤害。

风险特征描述包括定性评估和定量评估两部分。根据危害识别、危害描述以及暴露评估的结果给予高、中、低的定性评估。定量评估包括有阈值的和无阈值的两类。如果是有阈值的化学物，那么对人群风险可以摄入量与 ADI 值（或其他测量值）比较作为风险描述。如果所评价的物质的摄入量比 ADI 值小，则对人体健康产生不良作用的可能性为零。摄入量与 ADI 值的比值就是安全限值（Margin of Safety，MOS）。MOS≤1 表示该危害物对食品安全影响的风险是可以接受的，MOS＞1 表示该危害物对食品安全影响的风险超过了可以接受的限度，应当采取适当的风险管理措施。如果所评价的化学物质没有阈值，那么对人群的风险是摄入量和危害程度的综合结果，即食品安全风险＝摄入量×危害程度。

5　风险分析内涵

风险分析是一门正在发展中的新兴学科，同时也是一种保证食品安全的新模式。风险分析包括三个部分，即风险评估、风险管理与风险交流，三者互为前提，其中风险评估是整个风险分析体系的核心和基础。风险管理的首要目标是通过选择和实施适当的措施，如包括制定最高限量标准、制定生产规范等，有效控制食品风险，保障公众健康。风险管理可以分为四个部分：风险评价、风险管理选择评估、执行管理决定、监控和审查。在风险分析的全部过程中，通过风险交流，确保风险管理政策能够将风险降低到最低限度。风险分析是国际上公认的食品安全管理理念之一。水果质量安全风险评价是对水果产品安全进行科学管理的体现,也是制定水果生产与安全监管措施的重要依据。通过风险评价与分析,找出水果产品中的主要风险因素,然后对其进行重点监管,提高效率。

6 常用风险评估方法

6.1 系统风险评估方法

目前,在系统综合风险评价方面,国际上成熟的风险评价方法有德尔菲法、层次分析法、模糊数学法、敏感性分析法、蒙特·卡洛模拟法、人工神经网络、CIM 模型法和故障树分析法等。

6.1.1 德尔菲法(Delphi Method)。德尔菲法是 20 世纪由 O. 赫尔姆和 N. 达尔克首创的,又称专家规定程序调查法,它以古希腊城市德尔菲(Delphi)命名,是具有集众人智慧的意思。主要由调查者拟定调查表,按照既定程序,以函件的方式分别向专家组成员征询调查,专家组成员又以匿名的方式交流意见,经过几次征询和反馈,专家组成员的意见将会逐步趋于集中,最后获得具有很高准确率的集体判断结果。德尔菲法作为一种主观、定性的方法广泛应用于各种评价指标体系的建立和具体指标的确定过程。该方法的优点是准确性高,可以避免群体决策的一些可能缺点;缺点是主观性太强,专家选择没有明确的标准,预测结果缺乏严格的科学分析,最后趋于一致的意见,仍带有随大流的倾向[8]。

6.1.2 层次分析法(Analytic Hierarchy Process,AHP)。层次分析法又称层次权重解析方法,是美国运筹学家、匹兹堡大学数学家 T. L. Saaty 于 20 世纪 70 年代提出的一种定量与定性相结合的多目标决策分析方法,是一种对一些较为复杂、较为模糊的问题做出决策的简易方法,它特别适用于那些难于完全定量分析的问题。该方法的核心是将决策者的经验判断定量化,从而为决策者提供以定量形式表达的决策参考依据。其基本原理是将整个系统按照因素间的相互关联影响以及隶属关系分解为若干层次,通过同层次两两因素的对比,逐层定出最低层指标层相对于最高层目标层的相对重要性权值,从而将人的主观判断思维过程用数学形式表达和处理。AHP 法在多目标、结构复杂且缺乏必要数据的情况下相当实用[9]。

6.1.3　**模糊数学法**。模糊数学又称 Fuzzy 数学,是研究和处理模糊性现象的一种数学理论和方法。它通过构造等级模糊子集把反映被评事物的模糊指标进行量化,然后利用模糊变换原理综合各指标。步骤为:建立因素集,确定评价指标;确定评价集,即代表评价等级分类的集合,每一等级可对应一个模糊子集;建立隶属函数,构造模糊关系矩阵,确定加权模糊向量;最后进行模糊复合运算。模糊数学法用隶属度的概念反映质量分级的模糊性,应用逐步增多,但其在复合运算过程中取大取小的规则,仅强调极值的作用,丢失信息较多,评价结果常受控于个别评价因子[10]。

6.1.4　**敏感性分析法**(Sensitivity Analysis Method)。敏感性分析法是指从众多不确定性因素中找出对评价对象有重要影响的敏感性因素,并分析、测算其对评价对象的影响程度和敏感性程度,进而判断项目承受风险能力的一种不确定性分析方法。敏感性分析法多用于经济评价,常用以分析项目经济效益指标对各不确定性因素的敏感程度,找出敏感性因素及其最大变动幅度,据此判断项目承担风险的能力。敏感性分析法的优点是能优先考虑最敏感因素,缺点是这种分析尚不能确定各种不确定性因素发生一定幅度的概率,因而其分析结论的准确性就会受到一定的影响[11]。

6.1.5　**蒙特·卡洛模拟法**(Monte Carlo Method)。蒙特·卡洛模拟法是二战时期美国物理学家 Metropolis 在执行曼哈顿计划的过程中提出来的,是一种通过设定随机过程,反复生成时间序列,计算参数估计量和统计量,进而研究其分布特征的方法。当系统中各个单元的可靠性特征量已知,但系统的可靠性过于复杂,难以建立可靠性预计的精确数学模型或模型太复杂而不便应用时,可用随机模拟法近似计算出系统可靠性的预计值;随着模拟次数的增多,其预计精度也逐渐增高。由于涉及时间序列的反复生成,蒙特·卡洛模拟法是以高容量和高速度的计算机为前提条件的,因此只是在近些年才得到广泛推广。该方法的优点是处理复杂问题时定量分析,给出问题的概率解以及解的精度估计,缺点是费时且费用高,应用较少[12]。

6.1.6 人工神经网络(Artificial Neural Network,ANN)。人工神经网络是 20 世纪 80 年代后期发展的一门新兴学科。它可以模仿人脑的某些智能行为,如灵感、知觉和形象思维等,具有自学习、自适应和非线性动态处理等特征。神经网络的主要特点是大量平行处理、非线性输出及利用多层结构的预测能力。较为常用的神经网络模型是后传递网络模型,它由输入节点层、隐含节点层、输出节点层、中间节点层和层间节点的连接组成。反向传播(Back Propagation,BP)神经网络属于监督式的神经网络,其学习过程以一次一个训练范例进行,学习完所有的训练范例后视为一个学习周期,它可将训练范例反复学习,不断调整各层的连接权重,经过许多学习周期后,直到输出与预期学习值相当才算收敛而停止。BP 神经网络可以达到较好的预测成果,可以通过对给定样本模式的学习,获取评价专家的知识和经验,但由于需要大量的历史数据,往往难度大[13]。

6.1.7 CIM 模型法(Controlled Interval and Memory Models,CIM 模型法)。CIM 模型法又称控制区间记忆模型法、概率叠加模型法,这种方法用直方图替代了变量的概率分布,用和代替了概率函数的积分,直方图具有相同宽度的区间,而 CIM 模型正是要求建立在这种相等区间的直方图上。所谓"记忆",是指当有两个以上的变量需要进行概率分布叠加时,把前两个概率分布叠加的结果记忆下来,再用控制区间方法与下一个变量的概率分布叠加,如此类推,直到叠加完最后一个变量为止。叠加的方法主要采用直方图代替概率分布,按照变量之间的关系,从风险分类的最后一层向上逐层进行叠加,直到得到总风险的概率分布。该方法的优点是将变量的概率分布采用经验分布形式,使风险因素量化过程变得简单直观;不足之处是变量叠加后的区间数将变多,必须重新进行区间划分,才能得到新的分布,随着叠加次数的增多必然会造成一定的误差。

6.1.8　**故障树分析法**(Fault Tree Analysis,FTA)。故障树分析又称事故树分析,是安全系统工程中最重要的分析方法。故障树分析技术是美国贝尔电报公司的电话实验室于 1962 年开发的,是一种演绎的逻辑分析方法,遵从结果中找原因的原则,分析风险与其产生原因之间的因果关系,即在前期预测和识别各种潜在风险因素的基础上,运用逻辑推理的方法,沿着风险产生的路径,求出风险发生的概率,并能提供各种控制风险因素的方案。该方法的优点是思路清晰,逻辑性强,具有预测性,既可做定性分析,又可做定量分析;其缺点是复杂系统的事故树往往很庞大,分析计算的工作量大,并且在进行定量分析时,必须知道事故树中各事件的准确故障数据,否则定量分析就不能进行[14]。

6.2　常用农产品质量安全风险评价方法

常用农产品质量安全风险评价方法主要有单因子污染指数法、危害物风险系数法和食品安全指数法等。

6.2.1　**危害物风险系数法**。在实施科技部"十五"期间重大科技攻关项目"食品安全关键技术研究"的课题之一"进出口食品安全监测与预警系统研究"时,研究人员结合危害物本身的敏感性、风险程度及其相应的施检频率,提出了危害物风险系数的概念。通过其与食品检验数据库保持的联动变化,对食品安全状态实施动态和量化评价。危害物的最大残留量(Maximum Residue Limit,MRL)和检测方法的最低检出限(Limit of Detection,LOD)是该评价中最重要的两个阈值指标。在实际研究中,限量类危害物的检测结果常常出现有检出但小于最大残留量,还达不到卫生标准的评判阈值的情况。从这部分广泛存在的检测数据中分析获得危害物未来出现的趋势和分布,从而将预警控制线前移,对风险起到真正的预警作用,便是本方法在农产品质量安全风险评价与预警中最核心,也是最令人感兴趣的内容。

危害物风险系数是衡量一个危害物风险程度大小最直观的参数,综合考虑了危害物的超标率或阳性检出率、施检频率和其本身的敏感性的影响,并能直观而全面地反映危害物在一段时间内的风险程度。危害物风险系数计算公式为:

$$R = aP + b/F + S \tag{1.6.1}$$

式中:R 为危害物风险系数 P 为该种污染物的超标率;F 为该种污染物的施检频率;S 为该种污染物的敏感因子;a 和 b 分别为响应的权重系数。

P 和 F 均为在指定时间段内的计算值,敏感因子 S 可根据当前该危害物在国内外食品安全上关注的敏感度和重要性进行适当的调整。同时,式中 P、F 和 S 随研究的时间区段而动态变化,可根据具体情况采用长期风险系数、中期风险系数和短期风险系数。该系数常用于危害物预警风险评估。

6.2.2 食品安全指数法。按照世界卫生组织全球食品污染物监测规划(Global Environment Monitoring System-Food Contamination Monitoring and Assessment Programme, WHOGEMS/Food)的观点,用最大残留量(MRL)来评价残留物水平是一种超严估计。事实上,消费者所食用的食品不可能都受到所有化学物质的污染,而且在人的一生中也不可能永远食用受到同样污染的同一种食品。因此,需要用一种数学模型或一个数值来表示食品安全的最近似的真实状态。在对世界现行的评价食品安全方法,尤其是国际公认的国际食品法典委员会(Codex Alimentarius Commission, CAC)的评价方法,WHO GEMS/Food 及 JECFA(FAO/WHO 食品添加剂联席专家委员会)、JMPR(FAO/WHO 农药残留联席会议)食品安全风险评估工作研究的基础上,近年来研究人员提出了食品安全指数(Index of Food Safety, IFS)评价法,其结合残留监控和膳食暴露评估,以计算食品中各种化学污染物对消费者的健康危害程度。采用 IFS 法进行农产品状态评估的基础是要取得准确的和有代表性的残留监测数据,因此在实际应用中对精心设计和实施残留监控提出更高的要求。

农药的毒害作用与其进入人体的绝对量有关,因此评价水果安全以人体对水果的实际摄入量与其安全摄入量比较更为科学合理,可以用安全指数(IFS)来评价水果中某种农药残留对消费者健康的影响。

$$IFS = \frac{EDI_C \times f}{SI_C \times m_b} \qquad (1.6.2)$$

式中:C 表示某种农药;EDI_C 为农药 C 的实际摄入量估算值,$EDI_C = R \cdot F \cdot E \cdot P$($R$ 为水果中农药 C 的残留水平;P 为水果的加工处理因子;F 为水果的估计摄入量;E 为水果的可食用部分因子);SI_C 为安全摄入量,采用每日允许摄入量(ADI);f 为安全摄入量的校正因子;m_b 为人体平均质量。该方法常用于暴露风险评估。

据金水高报道,2002 年浙江省不同年龄、不同性别的人群中,水果消费量最大值为 149.3 g/(人·d)。在本书中,公式(1.6.3)中的 $F = 149.3$ g/(人·d),$E = 1$,$P = 1$,$m_b = 60$ kg,$f = 1$,R 为该种农药在该试验中的最大检出值。

各种农药对消费者健康的整体危害程度可用平均食品安全指数($\overline{IFS}$)来表示。$\overline{IFS}$ 的计算公式为:

$$\overline{IFS} = \frac{\sum_{i=1}^{n} IFS_{c_i}}{n} \qquad (1.6.3)$$

6.2.3　单因子污染指数法。 单因子污染指数法是把农业环境中各评价指标的实测数据与评价标准比较,用它们的比值来反映超标情况,比值越大,超标越严重;若比值小于 1,说明该实测点不超标。单因子污染指数法虽能用超标倍数来粗略地反映产品质量的优劣,但评价精度不高,仅以超标倍数作为质量分级依据,没有考虑产品毒理学效应等。

6.2.4　膳食摄入风险评估法。 根据居民膳食消费结构(食品消费量),结合残留化学评估推荐的残留试验中值、最高残留值或已制定的最大残留限量（MRL）估算长期或短期摄入量，与毒理学评估推荐的每日允许摄入量或急性参考剂量进行比较。膳食摄入风险评估法又分为慢性膳食摄入风险评估法和急性膳食摄入风险评估法。

慢性膳食摄入风险评估法根据产品产量、贮藏运输损耗率和集中消费天数等数据折算出中国居民日均食用量。用公式（1.6.4）计算各农药的慢性膳食摄入风险（％ADI）。％ADI 越小风险越小，当％ADI≤100％时，表示风险可以接受；反之，当％ADI＞100％时，表示有不可接受的风险。

$$\%ADI = \frac{STMR \times b}{b_w \times ADI} \times 100 \qquad (1.6.4)$$

式中：STMR 为规范试验残留中值，取平均残留值，单位为 mg/kg；b 为居民日均产品消费量，单位为 kg；ADI 为每千克体重每日允许摄入量[3]，单位为 mg/kg；b_w 为体重，单位为 kg。

急性膳食摄入风险评估法。用公式（1.6.5）计算各农药的估计短期摄入量（Estimated Short Term Intake，ESTI）。用公式（1.6.5）计算各农药的急性膳食摄入风险（％ARfD）。％ARfD 越小，风险越小，当％ARfD≤100％时，表示风险可以接受；反之，当％ARfD＞100％时，表示有不可接受的风险。

$$ESTI = \frac{U \times HR \times \nu \times (LP - U)}{b_w} \qquad (1.6.5)$$

$$\%ARfD = \frac{ESTI}{ARfD} \qquad (1.6.6)$$

式（1.6.5）～（1.6.6）中，ESTI 为估计短期摄入量，单位为 kg；U 为单果重量，单位为 kg；HR 为最高残留，取 99.9 百分位点值，单位为 mg/kg；ν 为变异因子；LP 为大份餐，单位为 kg；ARfD 为急性参考剂量，单位 mg/kg bw。

从对以上对风险评价方法比较研究，可以看出每种方法都有不同的侧重点、不同思路和思想，都有其成功的特点，同时每种方法都存在着或多或少的缺陷。在实际应用过程中，要根据风险问题的特点找到合适的评价方法才能对风险做出客观的评价，得到的结果才更具有科学性。

参 考 文 献

[1] 章力建,张星联. 风险评估在农产品质量安全监管中的作用[J]. 食品科学,2011,
　　33(增刊)：137－140.

[2] 徐明飞. 浙江省茭白质量安全风险评估与生产技术规程制定[D]. 杭州：浙江大
　　学. 2014.

[3] GB 2763—2014 食品安全国家标准　食品中农药最大残留限量[S].

[4] 黄和勇. 蔬菜农药残留风险评估探讨[J]. 福建农业科学,2012(9)：80－83.

[5] 冯国明. 农药的毒性分类与安全使用[J]. 农村百事通,2005(23)：39.

[6] 王明月,桂红星,张闻娟,等. 热带农产品质量安全风险评估探讨[J]. 热带农业科
　　学,2012,32(8)：49－53,63.

[7] 石阶平,陈福生,陈君石. 食品安全风险评估[M]. 北京：中国农业大学出版社,
　　2010：135－162.

[8] http：//baike. baidu. com/link? url＝kCdwqtrHU9DqnjBAeixCGgt1LY6jZ2L0S
　　EVkUEntisFM2ab_ediX4bCFLfUZYIICagD Jb8PN7prrmEgARYoQrq.

[9] http：//baike. baidu. com/link? url＝mB555EHVHWtqbQo6sv0l7NiL5jUHTM
　　0KiFylH7wcLFJYa3XovLoheyygjR4IU8mr3u DxgeieVRGCAojL22fhmI_Cg02iW
　　LeotuqY4bFO62G.

[10] http：//baike. baidu. com/link? url＝aENypcXUoHvxWXKi7HOINhs8M20zQ
　　t2cL8dM3kwiXZckaeFkbZIGGc0_MY9F_JY 773nijaF32sfdpe6N7-Qm0K.

[11] http：//baike. baidu. com/link? url＝jo0NhRnQrPzdUTdaANqCtGEsHMRZGa
　　N9GQ3tktlf7LXtdy7OPVHlCbI7G6hu-NW Gp4MiPH5k-fg_oqk4ngd3Cq.

[12] http：//baike. baidu. com/link? url＝0mudOWd5hGgwOf5UdfkcHwj6XuwJ6y
　　Gl9heT6F_cT6JufH21pnfkicHtKk7tAFy6i2f O0s_F3DtZ1aexScYEJRFwo8xkz
　　qNJstvWsS759NpFTwpew-6Lxe8s8AAtdjbwxqFK2L_HE-leg_TvS1d5oCRn0r0
　　cBndwcpL0CkPL8oNmksME1UvqsSkyXVryneWosROusuObMZNYWORovIL
　　8Ca.

［13］http：//baike. baidu. com/link? url＝52QHAIZpQV2u_ul-FjBJZaqslkzUKfitS
　　　Ler3ReC_TLeL5evEGQSATd8v111deydeoe1 nTmzbpYfiuyRk1BHK.

［14］http：//baike. baidu. com/link? url＝fVUTXAkrc3wrMcEUKGRTNe-yjJGsO
　　　gIT2ER2cnNuBVF6WIqWKxDT0XNb7FH99 FF0CFvr0NQMs6FbSWWwPtY_Yq.

第 2 章　慈溪市草莓质量安全风险评价

第 1 节　晴好天气情况下的
慈溪市草莓农药残留调查与分析

　　近几年,随着好的草莓品种引入和技术成熟,慈溪市草莓种植户越来越多,种植面积越来越大。我市种植的草莓均采取设施栽培方式,主要用于鲜食,有的甚至是市民直接到地头,一边采摘一边食用。但在草莓种植过程中不可避免地要使用一些农药。相关文献曾报道深圳市宝安区草莓中农药残留超标率达 41.7%[1]。草莓中农药残留多少不仅影响草莓的质量安全水平,而且也是制约草莓质量的主要因素。因此,了解草莓中的农药残留现状,保证草莓的食用安全显得尤为重要。目前,对草莓这个单一品种进行农药残留分析少见报道。因此,调查和分析草莓中的农药残留情况,对于了解其健康风险具有重要的现实意义。

　　本文主要针对慈溪市生产的草莓进行农药残留定量分析,为安全食用草莓提供科学依据。

1　材料与方法

1.1　调查对象

以慈溪市设施栽培的草莓作为调查分析对象。于 2011 年 2 月中旬随机抽样检测 20 家农户生产的上市前草莓样品 20 批次。

1.2　样品分析与测定

按照 NY/T 761—2008[2] 方法测定敌敌畏、甲胺磷、乙酰甲胺磷、氧乐果、三唑磷、甲拌磷、毒死蜱、甲基对硫磷、马拉硫磷、对硫磷、水胺硫磷、磷胺、久效磷、百菌清、三唑酮、联苯菊酯、甲氰菊酯、氯菊酯、氯氟氰菊酯、氯氰菊酯、溴氰菊酯和氰戊菊酯等 22 种农药残留量。所用仪器为 Agilent 公司 6890N 气相色谱仪，配 7683 自动进样器，采用火焰光度检测器（FPD）和微电子捕获检测器（μ-ECD）。测定结果按照 GB 2763—2005[3]、NY 1500.13.3～4 1500.31.1～49.2—2008[4] 进行判定。

2　结果与分析

通过农药残留定量检测发现，没有有机磷农药和拟除虫菊酯类农药残留检出，仅有一种杀菌剂（百菌清）检出，详见表 2.1.1 和表 2.1.2。在 20 批次草莓样品中有 13 批次样品不同程度地有百菌清检出，检出率为 65.0%，没有样品农药残留超标，合格率为 100.0%。百菌清的残留检出量为 0.0024～0.70mg/kg，20 批次草莓样品中百菌清农药残留的平均值为 0.068mg/kg。可见百菌清在草莓中的使用比较普遍，且残留量普遍比较低。

表 2.1.1　有机磷农药检出和超标的次数　　　　　（单位：次）

	敌敌畏	甲胺磷	乙酰甲胺磷	氧乐果	甲拌磷	毒死蜱	甲基对硫磷	马拉硫磷	对硫磷	水胺硫磷	三唑磷	磷胺	久效磷
检出次数	0	0	0	0	0	0	0	0	0	0	0	0	0
超标次数	0	0	0	0	0	0	0	0	0	0	0	0	0

表 2.1.2　杀菌剂和拟除虫菊酯类农药检出和超标的次数　（单位：次）

	百菌清	三唑酮	联苯菊酯	甲氰菊酯	氯氟氰菊酯	氯菊酯	氯氰菊酯	氰戊菊酯	溴氰菊酯
检出次数	13	0	0	0	0	0	0	0	0
超标次数	0	0	0	0	0	0	0	0	0

目前，《GB 2763—2005 食品中农药最大残留限量》、《NY/T 444—2001 草莓》[5]、《NY 5103—2002 无公害食品　草莓》[6]等都没有对百菌清在草莓上的残留限量做具体的规定。仅见《NY/T 844—2010 绿色食品温带水果》[7]对草莓百菌清的限量要求是 1.0mg/kg。可见按照国家的相关标准，我们所检测的草莓百菌清残留量都没有超出国家的农药最大残留限量要求。

3　讨　论

我市种植的草莓主要用于鲜食，品种糖度高，口味好，但抗病性普遍较差。草莓设施栽培采果期最长可达 5 个多月，几乎每天或隔 1～3 天采摘，这给掌握农药的安全间隔期带来了很大困难。另外，我市草莓的种植面积普遍较小，从几亩到十几亩不等，基本上为散户种植或基地零星种植，这给草莓种植过程中的农药科学安全合理使用的控制带来了较大的难度。

从农户在草莓上的实际用药情况来看，杀菌剂使用较多，如杀菌灵、百菌清等。本次农药残留检测情况也验证了这一点。百菌清是广谱、保护性杀菌剂，其通过与真菌细胞中的三磷酸甘油醛脱氢酶发生作用，与该酶中含有半胱氨酸的蛋白质相结合，从而破坏该酶活性，使真菌细胞的新陈代谢受破坏而失去生命力。百菌清在草莓中主要用于防治灰霉病、叶枯病、叶焦病和白粉病，且常会在开花初期、中期和末期使用。百菌清没有内吸传导作用，但喷到植物体上之后，在体表上有良好的黏着性，不易被雨水冲刷掉，因此药效期较长。肖艺等[8]研究后认为百菌清在设施栽培情况下，由于空间沉降和施药累积,会造成残留量偏高,发现百菌清在推荐剂量下16 天后残留量为 0.922mg/kg。因此,建议严格按推荐剂量施药,控制好施药次数。我们本次抽样检测的草莓百菌清残留量均小于 0.922mg/kg,可见使用间隔期均超过了 16 天。张志恒等[9]对百菌清的残留试验及不同人群的膳食暴露风险评估后认为百菌清不宜在草莓采果期使用。因此,尽管百菌清在草莓上使用效果较好,但由于其安全间隔期长,并不适合在需不断采摘的收获期草莓上使用,应尽量用具有相同效果的农药来代替百菌清在草莓收获期间的使用。

参 考 文 献

[1] 唐淑军,梁幸,赖勇,等.水果农药残留研究分析[J].广东农业科学,2010(8):253－255.

[2] NY/T 761—2008 蔬菜和水果中有机磷、有机氯、拟除虫菊酯和氨基甲酸酯类农药多残留的测定[S].

[3] GB 2763—2005 食品中农药最大残留限量[S].

[4] NY 1500.13.3～4 1500.31.1～49.2—2008 蔬菜、水果中甲胺磷等 20 种农药最大残留限量[S].

[5] NY/T 444—2001 草莓[S].

[6] NY 5103—2002 无公害食品　草莓[S].

[7] NY/T 844—2010 绿色食品　温带水果[S].

[8] 肖艺,张志勇,孙淑玲,等.百菌清在设施草莓上的残留[J].农药,2007,46(8):548－550.

[9] 张志恒,李红叶,吴珉,等.百菌清、腈菌唑和吡唑醚菌酯在草莓中的残留及其风险评估[J].农药学学报,2009,11(4):449－455.

第 2 节　连续阴雨天气对草莓质量安全水平的影响

慈溪市在 2012 年 2 月到 3 月初经历了长达 35 天的连续阴雨天气。有种植户反映,连续阴雨天气导致设施栽培的草莓灰霉病、白粉病发生比较厉害。使用了较多农药的草莓种植户非常担心草莓的农药残留问题。在结束阴雨天气 3 日后,我们对慈溪市的草莓样品进行了抽样调查,了解阴雨条件下草莓种植户的农药实际使用情况和草莓农药残留的现状,掌握连续阴雨天气对草莓质量安全水平的影响。

1　材料与方法

1.1　调查对象

以慈溪市设施栽培的草莓作为调查分析对象。于 2012 年 3 月初随机抽样检测了 3 个镇 17 家农户生产的上市前草莓样品 17 批次。

1.2　样品分析与测定

按照 NY/T 761—2008[1]方法测定敌敌畏、甲胺磷、乙酰甲胺磷、氧乐果、三唑磷、甲拌磷、毒死蜱、甲基对硫磷、马拉硫磷、对硫磷、水胺硫磷、磷胺、久效磷、百菌清、三唑酮、联苯菊酯、甲氰菊酯、氯菊酯、氯氟氰菊酯、氯氰菊酯、溴氰菊酯、氰戊菊酯、腐霉利、乙烯菌核利和三氯杀螨醇等 25 种农药残留量。所用仪器为 Agilent 公司 6890N 气相色谱仪和 7890A 气相色谱仪,采用火焰光度检测器(FPD)和微电子捕获检测器(μ-ECD)。测定结果按照 GB 2763—2005[2]、NY 1500.13.3～4 1500.31.1～49.2—2008[3] 进行判定。

1.3 评价指标

风险系数（R）、食品安全指数（IFS）、平均食品安全指数（$\overline{IFS}$）、每日允许摄入量（ADI）的定义和计算公式详见第 1 章第 3 节。

敌敌畏、甲胺磷、乙酰甲胺磷、氧乐果、三唑磷、甲拌磷、毒死蜱、甲基对硫磷、马拉硫磷、对硫磷、水胺硫磷、磷胺、久效磷、百菌清、三唑酮、联苯菊酯、甲氰菊酯、氯菊酯、氯氟氰菊酯、氯氰菊酯、溴氰菊酯、氰戊菊酯、腐霉利、乙烯菌核利和三氯杀螨醇的 ADI 值（单位为 mg/kg bw）分别为 0.004，0.004，0.03，0.000 3，0.001，0.000 7，0.01，0.003，0.3，0.004，0.003，0.000 5，0.000 6，0.02，0.03，0.01，0.03，0.05，0.02，0.02，0.01，0.02，0.1，0.01，0.002[2]。

2 结果与分析

2.1 草莓农药使用情况调查

我们在草莓抽样的同时，通过询问种植户、查看农资仓库和检查田间使用过的农药袋等方式对种植户在草莓上的农药使用情况进行了了解。从对种植户使用农药的调查结果来看，17 个种植户不同程度地使用了 20 种药物中的 1 种或几种。我们通过简单归类，主要有 3 大类药物，杀菌类农药有 11 种，主要用来防治灰霉病、白粉病等，杀虫类农药 6 种，主要用于防治红蜘蛛等，另外还有 3 种叶面肥，主要在草莓成熟期使用，用于提高草莓品质，详见表 2.2.1。本次调查发现在草莓成熟阶段腐霉利、百菌清使用频率较高。

表 2.2.1 调查发现的农药

种 类	农 药
杀菌类	腐霉利、百菌清、嘧霉胺、乙烯菌核利、噻嗪酮、腈菌唑、醚菌酯、咪鲜胺、甲基硫菌灵、异菌脲、吗胍乙酸铜
杀虫剂	辛硫磷、吡虫啉、螺螨酯、哒螨灵、三氯杀螨醇、氰氟菊酯
叶面肥	狮马红、钾多多、大优红

2.2　草莓农药残留情况

通过农药残留定量检测发现,16 批次样品有不同程度的农药残留检出,3 批次样品同时有 3 种农药残留检出,10 批次样品有 2 种农药残留检出,1 批次样品没有任何农药残留检出,样品农药检出率为 94.1％。在 16 批次草莓样品中共有 4 种农药 34 项次的残留检出,详见表 2.2.2。从农药检出种类来看,3 种农药为杀菌剂,1 种为杀虫剂。从农药检出次数来看,百菌清检出次数最多,在 15 批次样品中有检出,残留检出量为 0.0023~0.58mg/kg,百菌清残留的平均值为 0.104mg/kg;其次为腐霉利,在 14 批次样品中有检出,残留检出量为 0.036~2.38mg/kg,腐霉利残留的平均值为 0.568mg/kg。三唑酮在 4 批次样品中有检出,检出残留量为 0.0066~0.064mg/kg,三唑酮残留的平均值为 0.0263mg/kg。三氯杀螨醇仅在一批次样品中有检出。可见百菌清、腐霉利在草莓中的使用比较普遍,但其残留量普遍比较低。草莓中农药检出率为 16.0％。

表 2.2.2　有残留检出的 4 种农药　　　　　（单位：mg/kg）

序号	百菌清	腐霉利	三唑酮	三氯杀螨醇
1	0.090	ND	ND	ND
2	0.0090	ND	ND	ND
3	0.27	0.51	ND	ND
4	0.036	0.082	ND	ND
5	0.0023	0.19	ND	ND
6	0.061	0.041	ND	ND
7	0.051	0.19	0.0066	ND
8	0.024	0.97	ND	ND
9	0.0054	2.38	0.0094	ND
10	0.071	0.69	0.025	ND

续表

序号	百菌清	腐霉利	三唑酮	三氯杀螨醇
11	ND	ND	ND	ND
12	0.017	0.36	ND	ND
13	0.58	0.39	ND	ND
14	0.0024	0.45	ND	ND
15	0.34	0.62	0.064	ND
16	0.0027	1.04	ND	ND
17	ND	0.036	ND	0.049

注：ND 为没有检出

2.3 草莓农药残留安全指数评价

由于本试验中敌敌畏、甲胺磷、乙酰甲胺磷、氧乐果、三唑磷、甲拌磷、毒死蜱、甲基对硫磷、马拉硫磷、对硫磷、水胺硫磷、磷胺、久效磷、联苯菊酯、甲氰菊酯、氯菊酯、氯氟氰菊酯、氯氰菊酯、溴氰菊酯、氰戊菊酯和乙烯菌核利等 21 种农药没有残留情况，所以未计算其安全指数。根据公式仅计算有残留检出的 4 种农药的 IFS_C 值和 $\overline{IFS}$ 值。

从表 2.2.3 可以看出，本次检测的各种农药 IFS 都小于 1，说明我们所监测的这几种农药在该时间段对草莓安全没有明显影响，其安全状态均在可接受的范围之内。可见这 25 种农药都不是影响慈溪市草莓质量安全的主要因素。

表 2.2.3　草莓中主要农药残留安全指数

IFS_C				$\overline{IFS}$
百菌清	腐霉利	三唑酮	三氯杀螨醇	
0.072	0.059	0.0053	0.061	0.0079

2.4　草莓质量安全评价

本研究采用短期风险系数进行分析。设定本实验 $a=100, b=0.1$，由于本实验的数据来源于正常施检，所以 $S=1$，此时计算的结果，若 $R<1.5$，则该危害物低度风险；若 $1.5 \leqslant R<2.5$，则该危害物中度风险；若 $R \geqslant 2.5$，则该危害物高度风险。

因为本实验中除百菌清、腐霉利、三唑酮和三氯杀螨醇外，其余农药没有农药残留检出，所以只计算有残留检出的 4 种农药的风险系数，见表 2.2.4。由于 4 种农药的样本超标率为 0，经过计算可知风险系数均为 1.1，小于 1.5，为低度风险。

表 2.2.4　草莓中主要农药残留的风险系数

	百菌清		腐霉利		三唑酮		三氯杀螨醇	
	超标率(%)	风险系数	超标率(%)	风险系数	超标率(%)	风险系数	超标率(%)	风险系数
草莓	0	1.1	0	1.1	0	1.1	0	1.1

2.5　相关标准对草莓中检出的 4 种农药的限量要求

目前，常用的标准有 GB 2763—2005[2]、GB 26130—2010[8]、NY5103—2002[9] 和 NY/T 844—2010[11] 等。对照标准，我们发现这次抽样检测的样品都为合格，详见表 2.2.5。从这些标准对我们本次检出的 4 种农药的限量要求来看，3 个国家强制标准仅对腐霉利在草莓上的使用做了限量规定，绿色食品标准仅对百菌清在温带水果上做了限量规定，而无公害标准和其他农业行业标准都没有对 4 种农药在草莓上的使用做具体的限量要求。4 个标准都没有对三氯杀螨醇和三唑酮在草莓上的残留限量做具体的规定。

表 2. 2. 5　相关标准对 4 种农药的限量要求　　　（单位：mg/kg）

	GB 2763—2005[2]； GB 26130—2010[4]； GB 25193—2010[5]	NY 1500.41.3～4 1500.41.6 —2009 NY 1500.50～4 1500.92— 2009[6]； NY 1500.13.3～4 1500.31.1～ 49.2—2008[3]； NY 1500.1.1～4 1500.30.4 —2007[7]；	NY5103— 2002 无公害 食品草莓[8]	NY/T844— 2010 绿色食品 温带水果[9]
腐霉利	≤10	无	无	无
百菌清	无	无	无	≤1
三唑酮	无	无	无	无
三氯杀螨醇	无	无	无	无

3　讨论

从本次抽样检测结果来看,在草莓中没有检出拟除虫菊酯类、有机磷类等农药,只检出 3 种杀菌类农药和 1 种杀虫类农药,与我们的农药使用现场调查结果基本吻合。从农药残留检出的情况看,主要有 4 种农药。尽管连续阴雨天气,导致样品的农药检出率较高,但样品中农药的残留量都较低,样品合格率为 100.0%。通过这次的抽样检测,我们发现慈溪市的草莓种植户的科学用药意识明显增强,均知道在使用农药后要过一段时间才能进行采摘。因为草莓是设施栽培,通风条件不好,农药的消解基本上靠农药的自然降解,很少通过通风等情况散发出去,所以农药的安全间隔期相比在露地会有一定程度的延长。在目前还不能完全不使用农药控制草莓设施栽培条件下的菌类病害的情况下,做到农药的安全使用间隔期显得尤为重要。农业推广部门要进一步加强在草莓种植过程中科学合理用药的宣传工作,使农户的科学合理用药意识得到进一步增强。

从草莓农药残留安全指数评价结果来看,25 种农药在该时间段对草莓安全没有明显影响,其安全状态均在可接受的范围之内,由此可见这 25

种农药都不是影响慈溪市草莓质量安全的主要因素。从风险系数分析结果来看,也进一步确定慈溪市的草莓在农药残留方面是低风险的,在农药残留方面是安全的,是可以放心食用的。但目前利用安全指数来进行风险评估尚在起步阶段,缺少一些基础的权威的调查数据,特别是单一食品品种的单人日均消费量缺失等给风险评估结果的有效性带来了一定的不确定性。

对照国家的相关标准,一些农药在草莓上没有相关的明确的限量标准。因此,根据农药的实际使用情况,更新相关标准势在必行。由于我国地域广阔,同一品种在不同地区的用药习惯差异很大,造成标准在制定时很难对所有在使用的农药进行全覆盖,这就要求相关的标准制定者在以后的标准修订过程中进一步完善。

从我们调查得到的农药种类来看,只有 4 种农药包括在我们 25 种检测的农药当中,而这 4 种农药都无一例外地有不同程度的检出。由于种种原因,至今仍有不少农药是我们没有开展常规检测的。县级基层农产品检测机构,具有随时了解农药实际使用情况的独特的地缘优势,因此根据农户的农药实际使用情况确定农药监测种类,提高检测的针对性具有一定的现实性,并在农产品质量安全越来越受重视的今天显得越来越迫切。

参 考 文 献

[1] NY/T 761—2008 蔬菜和水果中有机磷、有机氯、拟除虫菊酯和氨基甲酸酯类农药多残留的测定[S].

[2] GB 2763—2005 食品中农药最大残留限量[S].

[3] NY 1500.13.3~4 1500.31.1~49.2—2008. 蔬菜、水果中甲胺磷等 20 种农药最大残留限量[S].

[4] GB 26130—2010 食品中百草枯等 54 种农药最大残留限量[S].

［5］GB 25193—2010 食品中百菌清等 12 种农药最大残留限量［S］.

［6］NY 1500.41.3～4 1500.41.6—2009、NY 1500.50 ～4 1500.92—2009 农药最大残留限量［S］.

［7］NY 1500.1.1～4 1500.30.4—2007 农产品中农药最大残留限量［S］.

［8］NY 5103—2002 无公害食品草莓［S］.

［9］NY/T 844—2010 绿色食品　温带水果［S］.

第 3 节　2010—2013 年慈溪市草莓农药残留与风险评价

　　慈溪市地处亚热带,四季分明,气候湿润,依山靠海,独特的地理位置和气候条件,特别适合草莓的种植。慈溪草莓种植是从 1983 年开始的[1],近 10 年来,随着草莓品种的改良和设施草莓种植技术的成熟,种植草莓的经济效益明显提升。但在草莓成熟过程中不可避免地要使用一些农药用于防治病虫害。草莓中农药残留的多少不仅影响草莓的质量安全水平,而且也是制约草莓可持续安全生产的主要因素之一。因此,了解草莓的质量安全风险状况,对于保证草莓的食用安全和指导草莓种植户科学合理使用农药具有重要意义。

　　我们对慈溪市近 4 年来生产的草莓样品利用气相色谱仪进行 22 种常用农药残留定量分析并进行质量安全风险评估,拟通过全面了解草莓中农药残留特点和风险状况,为安全食用草莓和组织草莓科学种植提供可靠依据。

1　材料与方法

1.1　调查对象

　　在 2010—2013 年以慈溪市种植的草莓作为调查分析对象。在草莓成熟季节对草莓随机抽样,进行 22 种农药残留的定量检测,4 年来共检测草莓样品 60 批次。

1.2　样品分析与测定

　　按照 NY/T 761—2008[2] 方法测定三唑酮、联苯菊酯、敌敌畏、百菌清、乙酰甲胺磷、氰戊菊酯、三唑磷、甲拌磷、毒死蜱、氯氰菊酯、溴氰菊酯、甲基对硫磷、水胺硫磷、马拉硫磷、对硫磷、氯氟氰菊酯、磷胺、久效磷、甲氰菊酯、氟氯氰菊酯、氧乐果和甲胺磷等 22 种农药残留量。所用仪器为 Agilent 公司 6890N 气相色谱仪配 7683 自动进样器,采用火焰光度检测器 (FPD);Agilent 公司 7890A 气相色谱仪配 7693A 自动进样器和微电子捕获检测器(μ-ECD)。测定结果按照 GB 2763—2014[3] 进行判定。

1.3 评价指标

风险系数(R)、食品安全指数(IFS)、平均食品安全指数($\overline{\text{IFS}}$)、每日允许摄入量(ADI)的定义和计算公式详见第 1 章第 3 节。

各种农药残留的可接受日摄入量(ADI)具体见表 2.3.1。

表 2.3.1 农药的 ADI 值 (单位：mg/kg bw)

农药种类	ADI	农药种类	ADI	农药种类	ADI	农药种类	ADI
甲拌磷	0.0007	氯氰菊酯	0.02	氯氟氰菊酯	0.02	三唑磷	0.001
氰戊菊酯	0.02	毒死蜱	0.01	杀螟硫磷	0.006	磷胺	0.0005
水胺硫磷	0.003	对硫磷	0.004	久效磷	0.0006	甲基对硫磷	0.003
氧乐果	0.0003	百菌清	0.02	甲胺磷	0.004	溴氰菊酯	0.01
敌敌畏	0.004	甲氰菊酯	0.03	氟氯氰菊酯	0.04		
乙酰甲胺磷	0.03	联苯菊酯	0.01	三唑酮	0.03		

2 结果与分析

2.1 不同时间段草莓农药残留检出率和超标率

从近 4 年草莓样品的检测数量来看,2011 年检测样品数量最多,2010 年最少。4 年来草莓总的农药检出率为 60.00%;没有草莓样品有农药残留超标,超标率为 0.00%。4 年里每年都有不同程度的农药残留检出,其中 2012 年检出农药的草莓样品数量最多,检出率达到了 83.33%。详见表 2.3.2。

表 2.3.2　2010—2013 年草莓抽样数与农药残留情况

年份	检测数/份	批次数 样品(检出次数)	检出率(%)	超标率(%)
2010 年	5	2(3)	40.00	0.00
2011 年	22	13(13)	59.09	0.00
2012 年	18	15(19)	83.33	0.00
2013 年	15	6(7)	40.00	0.00
合计	60	36(42)	60.00	0.00

从不同月份来看,检测的草莓样品主要是 1 月、2 月和 3 月生产的,这与草莓的成熟季节主要集中在 1—3 月份相吻合。4 年来,除 12 月没有农药残留检出外,1 月、2 月、3 月和 4 月都有不同程度的农药残留检出,其中 3 月份的农药残留检出数量最多,检出次数也最多,达到了 15 批次 19 项次,详见表 2.3.3、表 2.3.4。

表 2.3.3　2010—2013 年不同月份草莓农药残留情况

月份	年份				检测 数(份)	样品 (检出次数)	检出率(%)	超标率(%)
	2010	2011	2012	2013				
1 月	3	0	0	10	13	6(7)	46.15	0.00
2 月	0	20	0	2	22	13(13)	59.09	0.00
3 月	0	1	17	3	21	15(19)	71.43	0.00
4 月	2	1	0	0	3	2(3)	66.67	0.00
12 月	0	0	1	0	1	0(0)	0.00	0.00
合计	5	22	18	15	60	36(42)	60.00	0.00

表 2.3.4　不同月份农药残留检出情况　　　　　（单位：批次）

月份	百菌清	三唑酮	氯氟氰菊酯	合计
1 月	6	0	1	7
2 月	13	0	0	13
3 月	15	4	0	19
4 月	2	1	0	3
12 月	0	0	0	42

2.2　不同年份草莓中农药检出次数与残留量

通过农药残留定量检测发现,4 年来共有 36 批次样品有不同程度的农药残留检出,其余 24 批次样品没有任何农药残留检出,样品农药检出率为 60.00％,22 种农药中共有 3 种农药检出,草莓中农药检出率为 13.64％。4 年来共有百菌清、三唑酮和氯氟氰菊酯等 3 种农药不同程度地检出。从检出的农药种类来看,杀菌类农药有 2 种,共检出了 41 次;拟除虫菊酯类农药有 1 种,共检出了 1 次。从草莓中农药检出次数和残留量来看,百菌清检出次数最多,为 36 次,残留检出量为 0.0023～0.70mg/kg;其次为三唑酮,在 5 批次样品中有检出,残留检出量为 0.0066～0.064mg/kg;氯氟氰菊酯仅在一批次样品中有检出,检出残留量为 0.0057mg/kg,见表 2.3.5。可见百菌清在草莓中的使用相对比较多,但其残留量普遍比较低。从不同年份来看,2011 年检出的农药种类最少,为 1 种,其余年份都为 2 种;检出的农药次数2012 年最多,为 15 批次样品 19 项次,详见表 2.3.6。

表 2.3.5　草莓中农药污染　　　　　　　（单位：mg/kg）

年份	百菌清	三唑酮	氯氟氰菊酯
2010 年	0.054～0.38	0.0088	0
2011 年	0.0024～0.70	0	0
2012 年	0.0023～0.58	0.0066～0.064	0
2013 年	0.0025～0.19	0	0.0057
范围	0.0023～0.70	0.0066～0.064	0.0057

表 2.3.6　2010—2013 年草莓中农药检出的次数　　（单位：批次）

年份	百菌清	三唑酮	氯氟氰菊酯
2010 年	2	1	0
2011 年	13	0	0
2012 年	15	4	0
2013 年	6	0	1
合计	36	5	1

2.3　草莓农药残留安全指数评价

由于本研究中甲胺磷、氧乐果、三唑磷、氯氰菊酯、甲拌磷、毒死蜱、甲基对硫磷、马拉硫磷、对硫磷、水胺硫磷、磷胺、久效磷、联苯菊酯、乙酰甲胺磷、敌敌畏、甲氰菊酯、氰戊菊酯、氟氯氰菊酯和溴氰菊酯等 19 种农药没有残留情况，所以未计算其安全指数。根据公式仅计算有残留检出的 3 种农药的 IFS_C 值和 $\overline{IFS}$ 值。

从表 2.3.7 可以看出，4 年来检测的各种农药 IFS 都小于 1，说明我们所监测的这几种农药在该时间段对草莓安全没有明显影响，其安全状态均在可接受的范围之内。可见这 22 种农药都不是影响慈溪市草莓质量安全的主要因素。

表 2.3.7　草莓中主要农药残留安全指数

IFS_C			$\overline{IFS}$
百菌清	三唑酮	氯氟氰菊酯	
0.087	0.0053	0.00071	0.0042

2.4　草莓质量安全评价

本研究采用长期风险系数进行分析。设定本次调查 $a=100, b=0.1$，由于本次调查的数据来源于正常施检，所以 $S=1$，此时计算的结果，若 $R<1.5$，则该危害物低度风险；若 $1.5 \leqslant R<2.5$，则该危害物中度风险；若

$R \geqslant 2.5$，则该危害物高度风险。

因为本研究中除百菌清、氯氟氰菊酯和三唑酮外，其余农药没有农药残留检出，因此，只计算有残留检出的 3 种农药的风险系数。3 种农药的样本超标率为 0，经过计算可知 3 种农药风险系数均为 1.1，小于 1.5，为低度风险，详见表 2.3.8。

表 2.3.8　草莓中主要农药残留的风险系数

	百菌清		腐霉利		三唑酮	
	超标率（%）	风险系数	超标率（%）	风险系数	超标率（%）	风险系数
草莓	0	1.1	0	1.1	0	1.1

2.5　相关标准对草莓 3 种农药的限量要求

目前，草莓常用的标准有《GB 2763—2012 食品中农药最大残留限量》[3]、《NY/T 844—2010 绿色食品　温带水果》[4] 和《GB 18406.2—2001 农产品安全质量　无公害水果安全要求》[5]，对照标准，4 年来我们检测的样品都为合格，详见表 2.3.9。从这些标准对我们检出的 3 种农药的限量要求来看，GB 2763—2012、GB 18406.2—2001 分别对 3 种农药进行了限量要求，而 NY/T 844—2010 和 GB 18406.2—2001 仅对我们检出的 2 种农药有明确规定。

表 2.3.9　相关标准对 3 种农药的限量要求　　　（单位：mg/kg）

	GB 2763—2012 食品中农药最大残留限量[3]	NY/T 844—2010 绿色食品　温带水果[4]	GB 18406.2—2001 农产品安全质量　无公害水果安全要求[5]
百菌清	≤0.2	≤0.2	≤0.2
三唑酮	≤0.5	无	无
氯氟氰菊酯	≤0.5	≤1	≤1.0

3　讨论

从 2010—2013 年对草莓定量检测的结果来看,在草莓中拟除虫菊酯类和杀菌类农药有不同程度的使用,而有机磷农药没有使用。农药残留检出率较高,但残留量都较低,样品合格率为 100.00%。通过我们长期定量检测发现,慈溪市的草莓种植户科学用药意识较强,较好掌握了农药使用的安全间隔期。在目前还不能完全做到不使用农药的情况下,做到农药的安全使用间隔期显得尤为重要。对近 4 年的跟踪检测分析,草莓中的农药检出率较高,农药使用频率较高。因此,农业技术推广部门要进一步加强在草莓种植过程中科学合理用药的宣传工作,使种植户科学合理用药的意识得到进一步的增强。农药检出的时间段主要是在 1—4 月份,也提示我们要重视 1—4 月份上市的草莓质量管理问题。

从草莓农药残留安全指数评价结果来看,22 种农药在 4 年里对草莓质量安全没有明显影响,其安全状态均在可接受的范围之内。可见这 22 种农药都不是影响慈溪市草莓质量安全的主要因素。从风险系数分析结果来看,22 种农药均为低度风险,也进一步确定慈溪市的草莓在农药残留方面是低风险的,慈溪草莓在农药残留方面是安全的,是可以放心食用的。但目前利用安全指数来进行风险评估尚在起步阶段,缺少基础的权威调查数据,如单一草莓品种的单人日均消费量缺失给草莓风险评估结果的有效性带来了一定的不确定性。而风险系数很好地弥补了安全指数在这方面的不足。安全指数与风险系数在风险评价中的综合应用能更好地反映农产品的质量安全状况。

由于我国地域辽阔,仅草莓同一水果品种在不同地区种植时,病虫害发生情况都不一样,农药使用习惯差异也很大,造成在标准制定时很难对所有在使用的农药进行全覆盖。对照国家的相关现行有效标准,我们发现一部分常用农药在草莓上没有相关的限量标准,这已不能适应相关要求。

因此,根据农药的实际使用情况不定期更新相关标准势在必行,这就要求相关的标准制定者在以后的标准修订过程中进一步完善。

参 考 文 献

[1] 浙江省慈溪市农林局.慈溪农业志[M].上海:上海科学技术出版社,1991.

[2] NY/T 761—2008.蔬菜和水果中有机磷、有机氯、拟除虫菊酯和氨基甲酸酯类农药多残留的测定[S].

[3] GB 2763—2012食品安全国家标准 食品中农药最大残留限量[S].

[4] NY/T 844—2010绿色食品 温带水果[S].

[5] GB 18406.2—2001农产品安全质量 无公害水果安全要求[S].

第3章 慈溪市梨质量安全风险评价

第1节 翠冠梨不同组织中农药残留分布规律研究

在 2011 年我们对慈溪市生产的翠冠梨农药残留情况进行了调查与分析，发现部分梨样品中有一定量的农药残留，并进行了风险评估[1]。但是对梨中不同组织的农药残留情况，却没有进一步的深入研究。目前水果中不同组织农药残留分布规律的研究较少，仅见乌日娜等[2]对苹果不同组织甲胺磷分布规律进行了研究，石磊等[3]对苹果和大白菜中氧乐果残留分布进行了研究，未见对水果中多种农药分布规律进行研究的报道。本文主要针对慈溪市生产的翠冠梨分全果、果皮和果肉等不同组织进行了农药残留定量分析，旨在揭开不同农药在翠冠梨不同组织中的分布情况，并进行风险评估，为安全食用梨提供参考。

1 材料与方法

1.1 调查对象

以慈溪市规模农场生产的翠冠梨作为研究对象，于 2012 年 7 月底在 7 个农场随机抽取上市前梨样品 7 批次。每批次样品取梨 6 个，每个梨均分为四块，再分别分为全果、果皮和果肉等 3 部分。

1.2　样品分析与测定

按照 NY/T 761—2008[4]方法测定联苯菊酯、甲氰菊酯、氯氰菊酯、溴氰菊酯、氟氯氰菊酯、氯氟氰菊酯、氰戊菊酯、敌敌畏、甲胺磷、乙酰甲胺磷、水胺硫磷、磷胺、氧乐果、三唑磷、甲拌磷、毒死蜱、甲基对硫磷、杀螟硫磷、对硫磷、久效磷、百菌清和三唑酮等 22 种农药残留量。所用仪器为 Agilent 公司 6890N 气相色谱仪，配 7683 自动进样器，采用微电子捕获检测器（μ-ECD）和火焰光度检测器（FPD）。检测结果按照 NY 1500.13.3～4 1500.31.1 ～49.2—2008[5]和 GB 2763—2005[6]进行判定。

1.3　评价指标

风险系数（R）、食品安全指数（IFS）、平均食品（$\overline{\text{IFS}}$）、每日允许摄入量（ADI）的定义和计算公式详见第 1 章第 3 节。

对硫磷、水胺硫磷、氟氯氰菊酯、氯氟氰菊酯、百菌清、三唑酮、联苯菊酯、甲氰菊酯、氯氰菊酯、溴氰菊酯、氰戊菊酯、敌敌畏、甲胺磷、乙酰甲胺磷、氧乐果、三唑磷、甲拌磷、毒死蜱、甲基对硫磷、杀螟硫磷、磷胺和久效磷的 ADI 值（单位为 mg/kg bw）分别为 0.004，0.003，0.04，0.02，0.02，0.03，0.01，0.03，0.02，0.01，0.02，0.004，0.004，0.03，0.0003，0.001，0.0007，0.01，0.003，0.006，0.0005 和 0.0006[6]。

2　结果与分析

2.1　翠冠梨不同组织中的农药残留情况

从不同组织的农药残留检出情况来看，7 批次样品的果肉中均没有农药残留检出，农药残留检出率是 0.0%；7 批次样品的果皮中均有农药残留检出，农药残留检出率是 100.0%；在 6 批次样品的全果中有农残检出，农药残留检出率是 85.71%，见表 3.1.1。从不同组织的农药残留量大小来看，果皮中的农药残留量均要明显大于全果中的农药残留量，果皮与全果中农药残留量的比值为 4～20，可见果皮中农药残留量最大，全果中次之，而果肉中没有检出。在同一批次样品中，在全果中有农药残留检出，在果皮中也有农药残留检出。全果中有农药残留检出，可能是由于果皮中的农药残留造成的。

表 3.1.1　梨不同组织中农药残留情况　　　（单位：mg/kg）

	组织	毒死蜱	三唑磷	甲基对硫磷	三唑酮	氯氟氰菊酯	氰戊菊酯
	全果	ND	ND	ND	ND	0.00046	0.020
1	果皮	ND	ND	ND	ND	0.0051	0.11
	果肉	ND	ND	ND	ND	ND	ND
	全果	ND	ND	ND	ND	0.0078	0.0016
2	果皮	ND	ND	ND	ND	0.049	0.40
	果肉	ND	ND	ND	ND	ND	ND
	全果	ND	ND	ND	ND	0.035	ND
3	果皮	ND	0.11	0.013	ND	0.31	ND
	果肉	ND	ND	ND	ND	ND	ND
	全果	ND	ND	ND	ND	0.013	ND
4	果皮	ND	0.039	ND	ND	0.25	ND
	果肉	ND	ND	ND	ND	ND	ND
	全果	ND	ND	ND	ND	0.0045	ND
5	果皮	ND	ND	ND	ND	0.057	ND
	果肉	ND	ND	ND	ND	ND	ND
	全果	ND	ND	ND	ND	ND	ND
6	果皮	ND	ND	ND	ND	0.014	0.038
	果肉	ND	ND	ND	ND	ND	ND
	全果	0.039	ND	ND	0.029	ND	ND
7	果皮	0.18	ND	ND	0.19	ND	ND
	果肉	ND	ND	ND	ND	ND	ND

注：ND 为没有检出，下同。

6 种农药在 7 批次样品中均不同程度地被检出,其中杀菌剂 1 种、拟除虫菊酯类农药 2 种、有机磷农药 3 种。从不同组织检出的农药种类来看,全果、果皮和果肉分别有 4 种、6 种和 0 种,农药的检出率分别为18.2%,27.3%和0.0%,详见表 3.1.2。

表 3.1.2　梨不同组织中有机磷农药检出和超标的次数　　（单位：次）

	组织	毒死蜱	三唑磷	甲基对硫磷	三唑酮	氯氟氰菊酯	氰戊菊酯
	全果	1	0	0	1	5	2
检出	果皮	1	2	1	1	6	3
	果肉	0	0	0	0	0	0
	全果	0	0	0	0	0	0
超标	果皮	0	0	0	0	0	0
	果肉	0	0	0	0	0	0

2.2　翠冠梨不同组织农药残留安全指数评价

由于本试验中仅有毒死蜱、三唑磷、甲基对硫磷、三唑酮、氯氟氰菊酯和氰戊菊酯等 6 种农药有残留检出,其余 16 种农药在翠冠梨不同组织中均没有残留检出,见表 3.1.3。因此,根据公式只计算有残留检出的 6 种农药的 IFS_C 值和 $\overline{IFS}$ 值。

表 3.1.3　有农药检出的梨农药含量平均值　　（单位：mg/kg）

	组织	毒死蜱	三唑磷	甲基对硫磷	三唑酮	氯氟氰菊酯	氰戊菊酯
	全果	0.039	0	0	0.029	0.0122	0.0108
检出	果皮	0.18	0.0745	0.013	0.19	0.114	0.183
	果肉	0	0	0	0	0	0

从表 3.1.4 可以看出,本次测定的农药残留 IFS 均小于 1,说明这几种农药在该时间段对翠冠梨安全均没有明显影响,其安全状态均在可接受的范围之内。可见这 22 种农药都不是影响这 7 批次翠冠梨样品质量安全的主要因素。

表 3.1.4　翠冠梨中不同组织农药残留安全指数

	IFS$_C$						$\overline{IFS}$
	毒死蜱	三唑磷	甲基对硫磷	三唑酮	氯氟氰菊酯	氰戊菊酯	
全果	0.0097	0	0	0.0024	0.0044	0.0025	0.00086
果皮	0.045	0.27	0.011	0.016	0.039	0.050	0.020
果肉	0	0	0	0	0	0	0

2.3　翠冠梨不同组织质量安全评价

本研究采用短期风险系数进行分析。设定本实验 $b=0.1, a=100$,由于本实验的数据来源于正常施检,所以 $S=1$,此时计算的结果,若 $R \geqslant 2.5$,则该危害物高度风险;若 $1.5 \leqslant R < 2.5$,则该危害物中度风险;若 $R < 1.5$,则该危害物低度风险。

在本研究中除三唑酮、氯氟氰菊酯、毒死蜱、三唑磷、甲基对硫磷和氰戊菊酯等 6 种农药外,没有其他农药残留检出,因此,只计算这 6 种农药的风险系数。由于这 6 种农药的样本超标率为 0,经过计算可知风险系数均为 1.1,小于 1.5,为低度风险,见表 3.1.5。

表 3.1.5　翠冠梨中不同组织农药残留的风险系数

	毒死蜱		三唑磷		甲基对硫磷		三唑酮		三唑磷		氰戊菊酯	
	超标率(%)	风险系数	超标率(%)	风险系数	超标率(%)	风险系数	超标率(%)	风险系数	超标率(%)	风险系数	超标率(%)	风险系数
全果	0	1.1	0	1.1	0	1.1	0	1.1	0	1.1	0	1.1
果皮	0	1.1	0	1.1	0	1.1	0	1.1	0	1.1	0	1.1
果肉	0	1.1	0	1.1	0	1.1	0	1.1	0	1.1	0	1.1

3　讨论

从我们随机检测的 7 批次样品农药残留结果发现:每批次样品的果

皮中都有不同程度的农药残留检出,可见在梨成熟过程中使用一定量的农药是一个普遍现象。从农药检出的种类来看,有机磷农药、菊酯类农药和杀菌类农药等均有不同程度的检出,但对照标准发现农药残留都没有超标。

从农药在梨不同组织中的分布来看,无论是农药残留量大小、农药种类多少还是农药残留检出率,顺序均依次为果皮＞全果＞果肉。农药残留主要集中在梨的果皮上,在梨的不同组织中农药残留分布差异较大。这也告诉我们,在样品定量检测过程中,按照标准要求取可食用部分进行检测的重要性。如果取的不是可食用部分,就极有可能得到错误的结论。果皮中有相对较高农药残留的特性,也提示我们在食用梨时,最好用工具削皮后食用,才能尽量避免或减少农药残留的人体摄入。

从梨不同组织农药残留安全指数评价结果来看,22 种农药在该时间段对梨不同组织安全没有显著影响,它们的安全状态都在可接受的范围内。可见这些农药都不是影响这批梨样品不同组织质量安全的主要因素。风险系数分析结果也进一步确定这批梨样品不同组织在农药残留方面都是低风险的,是安全的。

参 考 文 献

[1] 王冬群,岑伟烈,马金金. 基于食品安全指数法评估慈溪市翠冠梨农药残留的风险[J]. 浙江农业科学,2012(5):721－724.

[2] 乌日娜,李建科,仇农学,等. 苹果中甲胺磷农药残留分布规律研究[J]. 陕西师范大学学报(自然科学版),2006,34(1):91－93.

[3] 石磊,董晓娜,张花利,等气相色谱法分析苹果和大白菜中氧化乐果残留分布[J]. 食品科学,2011,32(4):163－166.

[4] NY/T 761—2008 蔬菜和水果中有机磷、有机氯、拟除虫菊酯和氨基甲酸酯类农药多残留的测定[S].

[5] NY 1500.13.3～4 1500.31.1～49.2—2008 蔬菜、水果中甲胺磷等 20 种农药最大残留限量[S].

[6] GB 2763—2005 食品中农药最大残留限量[S].

第 2 节 基于食品安全指数法评估
慈溪市翠冠梨农药残留的风险

由于慈溪市独特的地理位置和气候条件,种植的翠冠梨品质优良、色美肉脆、汁多味甜,深受人们喜欢。近几年来,慈溪市梨种植户越来越多,种植的面积也越来越大。但在梨成熟过程中不可避免地要使用一些农药。梨中农药残留多少不仅影响梨的质量安全水平,而且也是制约梨质量的主要因素之一。因此,了解梨中的农药残留现状,保证食用梨的安全显得尤为重要。目前,对梨这个单一品种进行农药残留分析少见报道。因此,调查和测定梨中的农药残留情况,对于了解其健康风险具有重要的现实意义。

本文主要针对慈溪市生产的翠冠梨进行农药残留定量分析并进行风险评估,为安全食用翠冠梨提供科学依据。

1 材料与方法

1.1 调查对象

以慈溪市生产的翠冠梨作为调查分析对象,于 2011 年 7 月中下旬随机抽样检测 20 个规模农场的上市前梨样品 20 批次。

1.2 样品分析与测定

按照 NY/T 761—2008[1] 规定的方法测定敌敌畏、甲胺磷、乙酰甲胺磷、氧乐果、三唑磷、甲拌磷、毒死蜱、甲基对硫磷、马拉硫磷、对硫磷、水胺硫磷、磷胺、久效磷、百菌清、三唑酮、联苯菊酯、甲氰菊酯、氯菊酯、氯氟氰菊酯、氯氰菊酯、溴氰菊酯和氰戊菊酯等 22 种农药残留量。所用仪器为

Agilent 公司 6890N 气相色谱仪,配 7683 自动进样器,采用火焰光度检测器(FPD)和微电子捕获检测器(μ-ECD)。测定结果按照 GB 2763—2014[2]、NY 1500.13.3～4 1500.31.1～49.2—2008[3]进行判定。

1.3　评价指标

风险系数(R)、食品安全指数(IFS)、平均食品安全指数($\overline{\text{IFS}}$)、每日允许摄入量(ADI)的定义和计算公式详见第 1 章第 3 节。

敌敌畏、甲胺磷、乙酰甲胺磷、氧乐果、三唑磷、甲拌磷、毒死蜱、甲基对硫磷、马拉硫磷、对硫磷、水胺硫磷、磷胺、久效磷、百菌清、三唑酮、联苯菊酯、甲氰菊酯、氯菊酯、氯氟氰菊酯、氯氰菊酯、溴氰菊酯和氰戊菊酯的 ADI 值(单位为 mg/kg bw)分别为 0.004,0.004,0.03,0.000 3,0.001,0.000 7,0.01,0.003,0.3,0.004,0.003,0.000 5,0.000 6,0.02,0.02,0.03,0.01,0.03,0.05,0.02,0.02,0.01 和 0.02[2]。

2　结果与分析

2.1　翠冠梨农药残留情况

通过农药残留定量检测发现,15 批次样品不同程度地被检出农药残留,5 批次样品没有任何农药残留检出,样品农药检出率为 75.0%,其中最多的一批次样品中同时有 4 种农药残留检出。在 20 批次梨样品中共有 6 种农药 36 项次的残留检出。翠冠梨中农药检出率为 27.3%,详见表3.2.1 和表 3.2.2。从农药检出种类来看,有机磷农药检出 2 种 6 项次;拟除虫菊酯类农药检出 3 种 17 项次;杀菌剂检出 1 种 13 项次。从农药检出次数来看,氯氰菊酯检出次数最多,在 15 批次样品中有检出,残留检出量为 0.0019～0.14mg/kg,氯氰菊酯残留的平均值为 0.0177mg/kg;其次为三唑酮在 13 批次样品中有检出,残留检出量为 0.0017～0.063mg/kg,三唑酮残留的平均值为 0.0158mg/kg。毒死蜱在 5 批次样品中有检出,检出残留量为 0.021～0.12mg/kg,毒死蜱残留的平均值为 0.0626mg/kg。甲氰菊酯、氯氟氰菊酯和三唑磷均仅在一批次样品中有检出。可见氯氰菊酯、三唑酮在梨中的使用比较普遍,但其残留量普遍比较低。

表 3.2.1　有机磷农药残留检测结果　　　　　（单位：mg/kg）

序号	敌敌畏	甲胺磷	乙酰甲	氧乐果	甲拌磷	毒死蜱	甲基对硫磷	马拉硫磷	对硫磷	水胺硫磷	三唑磷	磷胺	久效磷
1	ND	ND	ND	ND	ND	ND	ND	ND	ND	ND	ND	ND	ND
2	ND	ND	ND	ND	ND	ND	ND	ND	ND	ND	ND	ND	ND
3	ND	ND	ND	ND	ND	ND	ND	ND	ND	ND	ND	ND	ND
4	ND	ND	ND	ND	ND	ND	ND	ND	ND	ND	ND	ND	ND
6	ND	ND	ND	ND	ND	ND	ND	ND	ND	ND	ND	ND	ND
7	ND	ND	ND	ND	ND	0.026	ND	ND	ND	ND	ND	ND	ND
8	ND	ND	ND	ND	ND	0.12	ND	ND	ND	ND	ND	ND	ND
9	ND	ND	ND	ND	ND	0.12	ND	ND	ND	ND	ND	ND	ND
10	ND	ND	ND	ND	ND	0.021	ND	ND	ND	ND	ND	ND	ND
11	ND	ND	ND	ND	ND	0.026	ND	ND	ND	ND	ND	ND	ND
12	ND	ND	ND	ND	ND	ND	ND	ND	ND	ND	ND	ND	ND
13	ND	ND	ND	ND	ND	ND	ND	ND	ND	ND	0.11	ND	ND
14	ND	ND	ND	ND	ND	ND	ND	ND	ND	ND	ND	ND	ND
15	ND	ND	ND	ND	ND	ND	ND	ND	ND	ND	ND	ND	ND
16	ND	ND	ND	ND	ND	ND	ND	ND	ND	ND	ND	ND	ND
17	ND	ND	ND	ND	ND	ND	ND	ND	ND	ND	ND	ND	ND
18	ND	ND	ND	ND	ND	ND	ND	ND	ND	ND	ND	ND	ND
19	ND	ND	ND	ND	ND	ND	ND	ND	ND	ND	ND	ND	ND
20	ND	ND	ND	ND	ND	ND	ND	ND	ND	ND	ND	ND	ND

注：ND 为没有检出,下同

表 3.2.2　杀菌剂和拟除虫菊酯类农药残留检测结果（单位：mg/kg）

序号	百菌清	三唑酮	联苯菊酯	甲氰菊酯	氯氟氰菊酯	氯菊酯	氯氰菊酯	氰戊菊酯	溴氰菊酯
1	ND	0.0036	ND	ND	ND	ND	0.0055	ND	ND
2	ND	0.0042	ND	ND	ND	ND	0.013	ND	ND
3	ND	0.0039	ND	ND	ND	ND	0.0060	ND	ND
4	ND	0.0017	ND	ND	ND	ND	0.0071	ND	ND
5	ND	0.0032	ND	ND	ND	ND	0.014	ND	ND
6	ND	0.0061	ND	ND	ND	ND	0.011	ND	ND
7	ND	0.014	ND	ND	ND	ND	0.0093	ND	ND
8	ND	0.063	ND	ND	ND	ND	0.011	ND	ND
9	ND	0.045	ND	ND	ND	ND	0.0084	ND	ND
10	ND	0.0088	ND	ND	ND	ND	0.0027	ND	ND
11	ND	0.022	ND	0.014	ND	ND	0.0023	ND	ND
12	ND	ND	ND	ND	ND	ND	0.0019	ND	ND
13	ND	0.0084	ND	ND	0.0056	ND	0.012	ND	ND
14	ND	0.021	ND	ND	ND	ND	0.021	ND	ND
15	ND	ND	ND	ND	ND	ND	0.14	ND	ND
16	ND	ND	ND	ND	ND	ND	ND	ND	ND
17	ND	ND	ND	ND	ND	ND	ND	ND	ND
18	ND	ND	ND	ND	ND	ND	ND	ND	ND
19	ND	ND	ND	ND	ND	ND	ND	ND	ND
20	ND	ND	ND	ND	ND	ND	ND	ND	ND

2.2　翠冠梨农药残留安全指数评价

由于本试验中敌敌畏、甲胺磷、乙酰甲胺磷、氧乐果、甲拌磷、甲基对硫磷、马拉硫磷、对硫磷、水胺硫磷、磷胺、久效磷、百菌清、联苯菊酯、氯菊酯、溴氰菊酯和氰戊菊酯等 16 种农药没有残留情况。所以未计算其安全指数。根据公式仅计算有残留检出的 6 种农药的 IFS_c 值和 $\overline{IFS}$ 值。

从表 3.2.3 可以看出，本次检测的各种农药的 IFS 值都小于 1，说明我们所监测的这几种农药在该时间段对翠冠梨安全没有明显影响，其安全状态均在可接受的范围之内。可见这 22 种农药都不是影响慈溪市翠冠梨质量安全的主要因素。

表 3.2.3　翠冠梨中主要农药残留安全指数

	IFS_C					$\overline{IFS}$
毒死蜱	三唑磷	甲氰菊酯	三唑酮	氯氟氰菊酯	氯氰菊酯	
0.030	0.27	0.0012	0.0052	0.00070	0.017	0.015

2.3　翠冠梨质量安全评价

本研究采用短期风险系数进行分析。设定本实验 $a=100, b=0.1$，由于本实验的数据来源于正常施检，所以 $S=1$，此时计算的结果，若 $R<1.5$，则该危害物低度风险；若 $1.5 \leqslant R < 2.5$，则该危害物中度风险；若 $R \geqslant 2.5$，则该危害物高度风险。

因为本实验中除毒死蜱、三唑磷、三唑酮、甲氰菊酯、氯氟氰菊酯、氯氰菊酯外，其余农药没有农药残留检出，因此，只计算有残留检出的 6 种农药的风险系数，见表 3.2.4。由于 6 种农药的样本超标率为 0，经过计算可知风险系数均为 1.1，小于 1.5，为低度风险。

表 3.2.4　翠冠梨中主要农药残留的风险系数

	毒死蜱		三唑磷		三唑酮		甲氰菊酯		氯氟氰菊酯		氯氰菊酯	
	超标率（%）	风险系数	超标率（%）	风险系数	超标率（%）	风险系数	超标率（%）	风险系数	超标率（%）	风险系数	超标率（%）	风险系数
翠冠梨	0	1.1	0	1.1	0	1.1	0	1.1	0	1.1	0	1.1

2.4　相关标准对梨 6 种农药的限量要求

目前，常用的标准有《GB 2763—2005 食品中农药最大残留限量》[2]，《NY/T 844—2010 绿色食品　温带水果》[4]，《NY/T 423—2000 绿色食

品 鲜梨》[5]和《GB 18406.2—2001 农产品安全质量　无公害水果安全要求》[6]。对照标准,我们发现这次抽样检测的样品都为合格,详见表 3.2.5。对我们本次检出的 6 种农药的限量要求来看,GB 2763—2005 要求最严,其次为 GB 18406.2—2001,而 NY/T 423—2000 对我们本次检出的 6 种农药都没有规定,可见作为优质农产品的绿色食品标准在农药残留限量要求方面要明显落后于无公害等其他相关几个标准。4 个标准都没有对三唑磷在梨上的残留限量做具体的规定。三唑磷在梨中主要用来防治蛀虫,效果较好,是梨种植户喜欢用的农药品种之一,也是我们在 2008—2010 年[9]在梨中检出率最高的农药,可见相关标准对梨的农药残留限量标准还不够完善。

表 3.2.5　相关标准对 6 种农药的限量要求　　　　（单位：mg/kg）

	GB 2763—2005 食品中农药最大残留限量[2]	NY/T 844—2010 绿色食品温带水果[4]	NY/T 423—2000 绿色食品鲜梨[5]	GB 18406.2—2001 农产品安全质量无公害水果安全要求[6]
毒死蜱	梨果类水果≤1	无	无	无
三唑磷	无	无	无	无
三唑酮	梨果类水果≤0.5	≤0.2	无	无
甲氰菊酯	水果≤5.0	无	无	无
氯氟氰菊酯	梨果类水果≤0.2	无	无	≤0.2
氯氰菊酯	梨果类水果≤2	无	无	≤2.0

3　讨论

从本次抽样检测情况来看,在翠冠梨中拟除虫菊酯类、有机磷农药和杀菌剂都有使用。从农药残留检出的情况看,主要有 6 种农药,尽管样品的农药检出率较高,但到收获前农药的残留量都较低,样品合格率为 100.0%。通过这次抽样检测我们发现,慈溪市的梨种植户科学用药意识明显增强,较好地掌握了农药使用的安全间隔期。在目前还不能完全不使用农药的情况下,做到农药的安全使用间隔期显得尤为重要。农业推广部门要进一步加强在梨种植过程中科学合理用药的宣传工作,使农户的科学合理用药意识得到进一步的增强。

从翠冠梨农药残留安全指数评价结果来看,22 种农药在该时间段对翠冠梨安全没有明显影响,其安全状态均在可接受的范围之内,可见这 22 种农药都不是影响慈溪市翠冠梨质量安全的主要因素。从风险系数分析结果来看,也进一步确定慈溪市的梨在农药残留方面是低风险的,在农药残留方面是安全的,是可以放心食用的。但目前利用安全指数来进行风险评估尚在起步阶段,缺少一些基础的权威的调查数据,特别是单一食品品种的单人日均消费量缺失给风险评估结果的有效性带来了一定的不确定性。

参 考 文 献

[1] NY/T 761—2008,蔬菜和水果中有机磷、有机氯、拟除虫菊酯和氨基甲酸酯类农药多残留的测定[S].

[2] GB 2763—2005 食品中农药最大残留限量[S].

[3] NY 1500.13.3～4 1500.31.1～49.2—2008 蔬菜、水果中甲胺磷等 20 种农药最大残留限量[S].

[4] NY/T 844—2010 绿色食品　温带水果[S].

[5] NY/T 423—2000 绿色食品　鲜梨[S].

[6] GB 18406.2—2001 农产品安全质量　无公害水果安全要求[S].

[7] 王冬群,吴华新,沈群超,等. 慈溪市水果农药残留调查及风险评估[J]. 江苏农业科学,2012,40(2),229－231.

第 3 节　2009—2013 年慈溪市梨农药残留调查分析

由于慈溪市地处亚热带,依山靠海,独特的地理位置和气候条件特别适合梨的种植。早在明成化年间就已有梨的种植[1],目前以种植翠冠梨、黄花梨为主,出产的梨肉脆嫩多汁、酸甜可口、具有芳香、风味独特,深受人们喜爱。特别是近 10 年来,随着梨品种的改良和种植技术的成熟,梨品质越来越好,种植梨的经济效益明显提升。慈溪市梨种植户越来越多,面积越来越大,涌现出了周巷镇和观海卫镇两个梨种植的特色乡镇。梨的种植带动了大量群众致富。但在梨成熟过程中不可避免地要使用一些农药用于防治病虫害,这引起了部分消费者的顾虑,担心梨的食用安全问题。梨中农药残留的多少不仅影响梨的质量安全水平,而且也是制约梨可持续安全生产的主要因素之一。因此,开展梨农药残留的暴露风险评估和预警风险评估,对于保证梨的食用安全和指导梨种植户科学合理使用农药都具有重要意义。

近 5 年来,我们利用气相色谱仪对慈溪市生产的梨农药残留定量分析并进行暴露风险评估和预警风险评估,拟通过了解梨质量安全风险现状和特点,为未来一段时间梨质量安全趋势预测分析和组织科学生产提供可靠依据。

1　材料与方法

1.1　调查对象

在 2009—2013 年以慈溪市种植的梨作为调查分析对象。在梨生产成熟季节对梨随机抽样,并进行了 22 种农药残留的定量检测分析,5 年来共检测梨样品 61 批次。

1.2 样品分析与测定

按照 NY/T 761—2008[2] 规定的方法测定敌敌畏、甲胺磷、乙酰甲胺磷、氧乐果、三唑磷、甲拌磷、毒死蜱、甲基对硫磷、马拉硫磷、对硫磷、水胺硫磷、磷胺、久效磷、百菌清、三唑酮、联苯菊酯、甲氰菊酯、氟氯氰菊酯、氯氟氰菊酯、氯氰菊酯、溴氰菊酯和氰戊菊酯等 22 种农药残留量。其中 2009 年仅检测敌敌畏、甲胺磷、乙酰甲胺磷、氧乐果、三唑磷、甲拌磷、毒死蜱、甲基对硫磷、马拉硫磷、对硫磷、水胺硫磷、磷胺和久效磷等 13 种有机磷农药。所用仪器为 Agilent 公司 6890N 气相色谱仪配 7683 自动进样器、Agilent 公司 7890A 气相色谱仪配 7693A 自动进样器,采用火焰光度检测器(FPD)和微电子捕获检测器(μ-ECD)。测定结果按照 GB 2763—2014[3] 进行判定。

1.3 评价指标

风险系数(R)、食品安全指数(IFS)、平均食品安全指数($\overline{IFS}$)、每日允许摄入量(ADI)的定义和计算公式详见第 1 章第 3 节。

各种农药残留的可接受日摄入量(ADI)具体见表 3.3.1。

表 3.3.1　农药的 ADI 值　　　　(单位：mg/kg bw)

农药名称	ADI	农药名称	ADI	农药名称	ADI	农药名称	ADI
氟氯氰菊酯	0.04	久效磷	0.0006	毒死蜱	0.01	甲氰菊酯	0.03
甲胺磷	0.004	溴氰菊酯	0.01	百菌清	0.02	甲基对硫磷	0.003
氯氰菊酯	0.02	敌敌畏	0.004	甲拌磷	0.0007	乙酰甲胺磷	0.03
氧乐果	0.0003	水胺硫磷	0.003	杀螟硫磷	0.006	氰戊菊酯	0.02
三唑酮	0.03	氯氟氰菊酯	0.02	三唑磷	0.001		
磷胺	0.0005	对硫磷	0.004	联苯菊酯	0.01		

2　结果与分析

2.1　不同时间段梨农药残留检出率和超标率

从近 5 年梨样品的检测数量来看,2011 年检测样品数量最多,2009 年检测样品数量最少。5 年来共有 37 批次样品不同程度地有农药残留检出,没有梨样品农药残留超标,样品农药检出率为 60.66%,超标率为 0.00%。除了 2009 年没有农药残留检出外,其他年份都有不同程度的农药残留检出,其中 2011 年检出有农药残留的梨样品数量最多,为 17 批次,详见表 3.3.2。

从不同月份来看,检测的梨样品主要是 7 月生产的,这与梨的生产成熟季节主要集中在 7 月和 8 月相吻合。5 年来,7 月、8 月和 9 月都有不同程度的农药残留检出。其中 7 月份的农药残留检出数量最多,检出次数也最多,达到了 34 批次样品 72 项次,详见表 3.3.3。

表 3.3.2　2009—2013 年梨抽样数与农药残留情况

年份	检测数(份)	批次数样品(检出次数)	检出率(%)	超标率(%)
2009 年	5	0(0)	0.00	0.00
2010 年	7	5(13)	71.43	0.00
2011 年	25	17(39)	68.00	0.00
2012 年	10	5(5)	50.00	0.00
2013 年	14	10(18)	71.43	0.00
合计	61	37(75)	60.66	0.00

表 3.3.3　2009—2013 年不同月份梨农药残留情况

月份	年份					检测数(份)	批次数样品(检出次数)	检出率(%)	超标率(%)
	2009	2010	2011	2012	2013				
7 月	0	5	21	7	14	47	34(72)	72.34	0.00
8 月	5	2	0	3	0	10	1(1)	10.00	0.00

续表

月份	年份					检测数（份）	批次数样品（检出次数）	检出率（%）	超标率（%）
	2009	2010	2011	2012	2013				
9月	0	0	4	0	0	4	2(2)	50.00	0.00
合计	5	7	25	10	14	61	37(75)	60.66	0.00

2.2 不同时间段梨中农药检出次数与残留量

通过农药残留定量检测发现,22 种农药中共有 7 种农药被检出,梨中农药检出率为 31.82%。5 年来共有三唑磷、毒死蜱、氰戊菊酯、氯氟氰菊酯、氯氰菊酯、三唑酮和甲氰菊酯等 7 种农药不同程度地被检出。从被检出的农药种类来看,杀菌类农药有 1 种,共检出了 13 次;拟除虫菊酯类农药有 4 种,共检出了 38 次;有机磷类农药有 2 种,共检出了 24 次,详见表 3.3.4。从梨

表 3.3.4 2009—2013 年梨中农药检出次数 （单位：次）

年份	三唑磷	毒死蜱	氯氟氰菊酯	氯氰菊酯	氰戊菊酯	三唑酮	甲氰菊酯
2009 年	0	0	0	0	0	0	0
2010 年	5	0	2	5	1	0	0
2011 年	4	6	1	14	0	13	1
2012 年	0	2	2	0	1	0	0
2013 年	1	6	5	2	1	0	3
合计	10	14	10	21	3	13	4

中农药残留检出和超标的次数来看,氯氰菊酯检出次数最多,为 21 批次,残留检出量为 0.0023～0.069mg/kg;其次为毒死蜱,在 14 批次样品中有检出,残留检出量为 0.021～0.12mg/kg;再次为三唑酮,在 13 批次样品中有检出,残留检出量为 0.0017～0.063mg/kg。氯氟氰菊酯、三唑磷均有 10 次被检出,检出残留量分别为 0.0012～0.023mg/kg 和 0.0017～0.25mg/kg(表 3.3.5)。氰戊菊酯、甲氰菊酯分别在 3 批次和 4 批次样品中有检出。可见三唑磷、毒死蜱、氯氟氰菊酯、氯氰菊酯、三唑酮在梨中的使用相对比较多,

但其残留量普遍比较低。从不同年份来看,2013 年检出的农药种类最多有 6 种,2010 年次之,有 4 种;检出的农药次数 2011 年最多,为 17 批次样品 39 项次,详见表 3.3.4。从不同月份来看,7 月检出的农药种类最多,为 7 种;检出的农药次数也是 7 月份最多,为 72 项次,见表 3.3.6。

表 3.3.5　梨中农药污染　　　　　（单位：mg/kg）

年份	三唑磷	毒死蜱	氯氟氰菊酯	氯氰菊酯	氰戊菊酯	三唑酮	甲氰菊酯
2009	0	0	—	—	—	—	—
2010	0.051~0.25	0	0.012~0.014	0.015~0.069	0.0048	0	0
2011	0.0017~0.063	0.021~0.12	0.0016	0.0023~0.021	0	0.0017~0.063	0.014
2012		0.027~0.069	0.0038~0.018		0.0034		0
2013	0.057	0.029~0.088	0.0016~0.023	0.013~0.043	0.021	0	0.036~0.30
范围	0.0017~0.25	0.021~0.12	0.0012~0.023	0.0023~0.069	0.0034~0.021	0.0017~0.063	0.014~0.30

注：ND 为未检出；—为该年度没有检测

表 3.3.6　不同月份农药残留检出情况　　　　　（单位：次）

月份	三唑磷	毒死蜱	氯氟氰菊酯	氯氰菊酯	氰戊菊酯	三唑酮	甲氰菊酯	合计
7 月	9	12	10	21	3	13	4	72
8 月	0	1	0	0	0	0	0	1
9 月	1	1	0	0	0	0	0	2

2.3　梨农药残留暴露风险评估

由于本试验中敌敌畏、甲胺磷、乙酰甲胺磷、氧乐果、甲拌磷、甲基对硫磷、马拉硫磷、对硫磷、水胺硫磷、磷胺、久效磷、百菌清、联苯菊酯、氟氯氰菊酯和溴氰菊酯等 15 种农药没有残留情况。所以未计算其安全指数。根据公式仅计算有残留检出的 7 种农药的 IFS_C 值和 $\overline{IFS}$ 值。

从表 3.3.7 可以看出,5 年来检测的各种农药 IFS 都小于 1,说明我们所监测的这几种农药在该时间段对梨安全没有明显影响,其安全状态均在可接受的范围之内。可见这 22 种农药都不是影响慈溪市梨质量安全的主要因素。

表 3.3.7　梨中主要农药残留安全指数

	IFS_C						IFS
三唑磷	毒死蜱	氯氟氰菊酯	氯氰菊酯	氰戊菊酯	三唑酮	甲氰菊酯	
0.62	0.030	0.0022	0.0086	0.0026	0.0052	0.025	0.032

2.4　梨农药残留预警风险评估

本研究采用长期风险系数进行分析。设定本次调查 $a=100, b=0.1$，由于本次调查的数据来源于正常施检，所以 $S=1$，此时计算的结果，若 $R<1.5$，则该危害物低度风险；若 $1.5 \leqslant R<2.5$，则该危害物中度风险；若 $R \geqslant 2.5$，则该危害物高度风险，

因为本实验中除三唑磷、毒死蜱、氯氟氰菊酯、氯氰菊酯、氰戊菊酯、三唑酮和甲氰菊酯外，其余农药没有农药残留检出，所以只计算有残留检出的 7 种农药的风险系数。7 种农药的样本超标率为 0，经过计算可知风险系数均为 1.1，小于 1.5，为低度风险，详见表 3.3.8。

表 3.3.8　梨中主要农药残留的风险系数

农药名称	样品数	检验次数	施检频率	超标率(%)	风险系数
三唑磷	61	61	1	0	1.10
毒死蜱	61	61	1	0	1.10
氯氟氰菊酯	61	56	0.918	0	1.11
氯氰菊酯	61	56	0.918	0	1.11
氰戊菊酯	61	56	0.918	0	1.11
三唑酮	61	56	0.918	0	1.11
甲氰菊酯	61	56	0.918	0	1.11

2.5　相关标准对梨 7 种农药的限量要求

目前,常用的标准有《GB 2763—2012 食品中农药最大残留限量》[3]、《NY/T 844—2010 绿色食品　温带水果》[4] 和《GB 18406.2—2001 农产品安全质量　无公害水果安全要求》[5],对照标准,发现有农残检出的 7 种农药在 5 年中均没有超出三个常用标准的限量要求,检测的样品都为合格。详见表 3.3.9。从这些标准对我们检出的 7 种农药的限量要求来看,GB 2763—2012 对 5 种农药进行了限量要求,而 GB 18406.2—2001、NY/T 844—2010 分别仅对我们检出的 3 种和 2 种农药有明确规定,可见作为优质农产品的绿色食品标准在这 7 种农药残留限量要求方面要明显落后于无公害等其他 2 个标准。

表 3.3.9　相关标准对 7 种农药的限量要求　　　（单位：mg/kg）

	GB 2763—2012 食品中农药最大残留限量[3]	NY/T 844—2010 绿色食品　温带水果[4]	GB 18406.2—2001 农产品安全质量　无公害水果安全要求[5]
三唑磷	无	无	无
毒死蜱	≤1	无	无
氯氟氰菊酯	≤0.2	无	≤0.2
氯氰菊酯	≤2	无	≤2.0
氰戊菊酯	≤1	≤0.2	≤0.2
三唑酮	≤0.5	≤0.2	无
甲氰菊酯	≤5	无	无

3　讨论

从 2009—2013 年对梨定量检测的结果来看,在梨中拟除虫菊酯类、有机磷农药和杀菌类农药都有不同程度的使用。从农药残留检出的情况看,三唑磷、毒死蜱、氯氟氰菊酯、氯氰菊酯和三唑酮等 5 种农药检出率较高，但检出农药的残留量都较低，样品合格率为 100.00％。我们通过长期定量检测发现，慈溪市梨种植户的科学用药意识较强，较好地掌握了农药使用的安全间隔期。在目前还不能完全不使用农药的情况下，做到农药的安全使用间隔期显得尤为重要。同时，对近 5 年的跟踪检测分析，除 2009 年没有检出农药残留外，其余 4 年农药残留检出率都较高。从农药检出的月份来看，农药检出的时间段主要是在 7 月份，提示我们要重视 7 月份梨刚开始上市时的质量管理问题。林业技术推广部门要进一步加强在梨种植过程中科学合理用药的宣传工作，使种植户科学合理用药的意识得到进一步的增强。

从梨农药残留暴露风险评估指标安全指数结果来看，22 种农药在该时间段对梨安全没有明显影响，其安全状态均在可接受的范围之内，可见这 22 种农药都不是影响慈溪市梨质量安全的主要因素。从预警风险评估指标风险系数分析结果来看，各农药均为低度风险，也进一步确定慈溪市的梨在农药残留方面是低风险的，慈溪梨在农药残留方面是安全的，是可以放心食用的。但目前利用安全指数和风险系数来进行风险评估刚刚开始，一些基础的权威调查数据缺少，特别是单一梨品种的单人日均消费量缺失给梨风险评估的结果的有效性带来了一定的不确定性。

由于我国地域辽阔，仅梨同一水果品种在不同地区种植时，病虫害发生情况也会不一样，农药使用习惯差异也很大，造成在标准制定时很难对所有在使用的农药进行全覆盖。对照国家的相关现行有效标准，我们发现一部分常用农药在梨上没有相关的残留限量标准，这已不能适应相关要求。因此，根据农药的实际使用情况不定期更新相关标准势在必行，这就要求相关的标准制定者在以后的标准修订过程中进一步完善。

参 考 文 献

［1］浙江省慈溪市农林局.慈溪农业志［M］.上海：上海科学技术出版社,1991：297.

［2］NY/T 761—2008 蔬菜和水果中有机磷、有机氯、拟除虫菊酯和氨基甲酸酯类农药多残留的测定［S］.

［3］GB 2763—2012 食品安全国家标准　食品中农药最大残留限量［S］.

［4］NY/T 844—2010 绿色食品　温带水果［S］.

［5］GB 18406.2—2001 农产品安全质量　无公害水果安全要求［S］.

第 4 节　慈溪市梨农药残留膳食摄入风险评估

　　梨的种植在慈溪有悠久的历史[1]。近几年由于梨种植经济效益较好，慈溪市梨种植户越来越多，面积越来越大，形成了周巷镇和观海卫镇等 2 个梨种植的特色镇，梨的种植带动了大量农民致富。但在梨成熟过程中不可避免地要使用一些农药用于病虫害防治，农药在梨果实上有了一定的残留，这引起了部分消费者的顾虑，担心梨的食用安全问题。梨中农药残留的多少不仅影响梨的质量安全水平，而且也是制约梨可持续安全生产的主要因素之一。因此，开展梨农药残留的暴露风险评估和预警风险评估，对于保证梨的食用安全和指导梨种植户科学合理使用农药都具有重要意义。

　　国外有关水果农药残留风险评价已有较多的报道[2,3]，国内水果农药残留风险评价起步较晚、报道不多[4]。国内多以利用食品安全指数进行风险评估，而利用慢性和急性膳食摄入风险评价指标进行评价的较少。聂继云等[4]开展了苹果农药残留风险评估，张志恒等[5]开展了果蔬中氯吡脲残留的膳食摄入风险评估。就梨而言，相关的报道更少。国内农药残留研究虽已涉及梨[6—8]，但多属零星涉及，且缺乏系统性。目前未见到利用慢性和急性膳食风险评价指标对梨进行评价的报道。

　　本文明确了慈溪市梨农药残留水平与风险现状，确定了需要重点关注的农药种类，探明现行农药最大残留限量的适宜性，提出了最大残留限量修订建议，并为相关研究提供有益借鉴。

1　材料与方法

1.1　研究对象

在 2009—2013 年以慈溪市种植的梨作为调查分析对象。在梨生产成

熟季节对梨随机抽样,并进行了梨全果 22 种农药残留的定量检测分析,5
年来共检测梨样品 61 批次。

1.2　样品分析与测定

按照 NY/T 761—2008[9]规定的方法测定马拉硫磷、氯氰菊酯、水胺
硫磷、氧乐果、甲拌磷、联苯菊酯、对硫磷、氰戊菊酯、敌敌畏、磷胺、溴氰菊
酯、久效磷、百菌清、三唑磷、三唑酮、甲氰菊酯、乙酰甲胺磷、氟氯氰菊酯、
毒死蜱、氯氟氰菊酯、甲胺磷和甲基对硫磷等 22 种农药残留量。其中
2009 年仅检测久效磷、乙酰甲胺磷、马拉硫磷、三唑磷、氧乐果、甲拌磷、磷
胺、毒死蜱、甲基对硫磷、对硫磷、敌敌畏、水胺硫磷和甲胺磷等 13 种有机
磷农药。所用仪器为 Agilent 伦公司 6890N 气相色谱仪配 7683 自动进样
器和火焰光度检测器(FPD),Agilent 公司 7890A 气相色谱仪配 7693A 自
动进样器和微电子捕获检测器(μ-ECD)。测定结果按照 GB 2763—
2014[10]进行判定,并针对检出的农药(设为 n 种)和全部 61 批次梨样品进
行农药残留风险评估。对于检出的 n 种农药,当某个样品中的检测值小于
LOD(检出限)时,用1/2LOD代替[4,11]。国内学者近几年成功利用慢性、急
性膳食摄入风险对苹果等果蔬进行了评价[4,5],为国内相关产品进行评价
奠定了基础,本文引用相关技术指标对慈溪市的梨进行了相关评估。

1.3　慢性膳食摄入风险评估

根据我国人均鲜梨消费量 10.24kg[12]和集中消费天数(150 天)[12],折
算出中国居民日均梨消费量为 0.068kg。用公式(3.4.1)计算各农药的慢
性膳食摄入风险(％ADI)[4,5]。％ADI 越小,风险越小,当％ADI≤100％
时,表示风险可以接受;反之,当％ADI＞100％时,表示有不可接受的
风险。

$$\%\mathrm{ADI}=\frac{\mathrm{STMR}\times 0.068}{b_{\mathrm{w}}\times \mathrm{ADI}}\times 100 \qquad (3.4.1)$$

式中：STMR 为规范试验残留中值，取平均残留值[4,5]，单位为 mg/kg；0.068 为居民日均梨消费量，单位为 kg；ADI 为每日允许摄入量[10]，单位为 mg/kg bw；b_w 为体重，单位为 kg，按 60kg 计[13]。

1.4 急性膳食摄入风险评估

根据世界卫生组织数据[14]，中国居民梨消费的大份餐（LP）为 0.6850kg，梨单果重为 0.255kg，梨个体之间变异因子（ν）为 3。用公式（3.4.2）计算各农药的估计短期摄入量（ESTI）[4,14]。分别用公式（3.4.3）和（3.4.4）计算各农药的急性膳食摄入风险（% ARfD）和安全界限（SM）[4,5]。%ARfD 越小，风险越小，当%ARfD≤100% 时，表示风险可以接受；反之，当%ARfD＞100% 时，表示有不可接受的风险。

$$ESTI = \frac{U \times HR \times \nu + (LP - U) \times HR}{b_w} \qquad (3.4.2)$$

$$\%ARfD = \frac{ESTI}{ARfD} \times 100 \qquad (3.4.3)$$

$$SM = \frac{ARfD \times b_w}{U \times \nu + LP - U} \qquad (3.4.4)$$

式（3.4.2）—（3.4.4）中，ESTI 为估计短期摄入量，单位为 kg；U 为单果重量，单位为 kg；HR 为最高残留量，取 99.9 百分位点值[5,16]，单位为 mg/kg；ν 为变异因子；LP 为大份餐，单位为 kg；ARfD 为急性参考剂量，单位为 mg/kg bw。

1.5 最大残留限量估计值

为保护消费者，理论最大日摄入量[4,5,14]应不大于每日允许摄入量[4,5]。据此导出最大残留限量估计值（eMRL）计算公式：

$$eMRL = \frac{ADI \times b_w}{F} \qquad (3.4.5)$$

式中：eMRL 为最大残留限量估计值，单位为 mg/kg；F 为梨日消费量，按照最大风险原则，取大份餐（LP）[4]，单位为 kg。

1.6　风险排序

借鉴英国兽药残留委员会兽药残留风险排序矩阵[4],用毒性指标代替药性指标。膳食比例(梨占居民总膳食的百分率)以及农药毒效(即 ADI 值)、使用频率、高暴露人群、残留水平等 5 项指标均采用原赋值标准[16],各指标的赋值标准见表 3.4.1。毒性采用急性经口毒性,根据经口半数致

表 3.4.1　梨农药残留风险排序指标得分赋值标准

指标	指标值	得分	指标值	得分	指标值	得分	指标值	得分
毒性	低毒	2	中毒	3	高毒	4	剧毒	5
毒效 (mg/kg bw)	$>1\times10^{-2}$	0	$1\times10^{-4}\sim$ 1×10^{-2}	1	$1\times10^{-6}\sim$ 1×10^{-4}	2	$<1\times10^{-6}$	3
膳食比例（%）	<2.5	0	$2.5\sim20$	1	$20\sim50$	2	$50\sim100$	3
使用频率(%)	<2.5	0	$2.5\sim20$	1	$20\sim50$	2	$50\sim100$	3
高暴露人群	无	0	不太可能	1	很可能	2	有或无相关数据	3
残留水平 (mg/kg)	未检出	1	$<1MRL$	2	$\geqslant1MRL$	3	$\geqslant10MRL$	4

死量(LD_{50})分为剧毒、高毒、中毒和低毒 4 类[17],各农药的 LD_{50} 从药物在线网[18]查得。ADI 值从国家标准[10]查得。农药使用频率(FOD)按公式(3.4.6)计算。样品中各农药的残留风险得分(S)用公式(3.4.7)[4,17]计算。各农药的残留风险得分以该农药在所有样品中的残留风险得分的平均值计,该值越高,残留风险越大。梨样品的农药残留风险用风险指数排序,该指数越大,风险越大。风险指数(risk index,RI)按公式(3.4.8)计算。

$$FOD = T/P \times 100 \tag{3.4.6}$$

$$S = (A + B) \times (C + D + E + F) \tag{3.4.7}$$

$$RI = \sum_{i=1}^{n} S - TS_0 \tag{3.4.8}$$

式(3.4.6)—(3.4.8)中,P 为果实发育日数(梨从开花到果实成熟所

经历的时间,单位为天);T 为果实发育过程中使用该农药的次数;A 为毒性得分;B 为毒效得分;C 为梨膳食比例得分;D 为农药使用频率得分;E 为高暴露人群得分;F 为残留水平得分;n 为检出的农药,单位为种;TS_0 为 n 种农药均未检出的样品的残留风险得分,用公式(3.4.7)算出 n 种农药各自的残留风险得分后求和得到。

2 结果与分析

2.1 农药残留污染情况分析

通过农药残留定量检测发现,61 批次梨样品中有 37 批次不同程度地有农药残留检出。3 批次样品同时有 4 种农药残留检出,8 批次样品同时有 3 种农药残留检出,13 批次样品有 2 种农药残留检出,13 批次样品有 1 种农药残留检出,24 批次样品没有任何农药残留检出。梨中没有禁用农药残留检出。样品农药检出率为 60.66%,超标率为 0.00%。从不同年份来看,除了 2009 年没有农药残留检出外,其他年份都有不同程度的农药残留检出,其中 2011 年检出有农药残留的梨样品数量最多,为 17 批次 39 项次;检出的农药种类也最多,有 6 种农药残留检出。2013 年次之,为 10 批次 18 项次,也有 6 种农药残留检出。

在 61 批次梨样品中,共有 7 种农药 75 项次的残留检出,详见表 3.4.2。从农药检出种类来看,1 种为杀菌剂,2 种为有机磷农药,4 种为拟除虫菊酯类农药。从农药检出次数来看,氯氰菊酯检出次数最多,在 21 批次样品中有残留检出,残留检出量为 0.0023~0.069mg/kg,均值为 0.016mg/kg;其次为毒死蜱,在 14 批次样品中有残留检出,残留检出量为 0.021~0.12mg/kg,均值为 0.053mg/kg;三唑酮在 13 批次样品中有残留检出,残留检出量为 0.0017~0.063mg/kg,均值为 0.016mg/kg;三唑磷在 10 批次样品中有残留检出,残留检出量为 0.0017~0.25mg/kg,均值为

0.10mg/kg；氯氟氰菊酯在 10 批次样品中有残留检出，残留检出量为 0.0012～0.023mg/kg，均值为 0.011mg/kg；甲氰菊酯在 13 批次样品中有残留检出，残留检出量为 0.014～0.30mg/kg，均值为 0.14mg/kg；氰戊菊酯在 3 批次样品中有残留检出，残留检出量为 0.0034～0.021mg/kg，均值为 0.0097mg/kg。可见氯氰菊酯在梨成熟过程中使用比较普遍，但其残留量和其他有检出的农药残留量一样，普遍比较低。

表 3.4.2　梨中农药污染

农药	毒性	最大残留限量	样本数	检出残留的样品数	检出率（%）	残留水平
三唑磷	中等毒毒	无	61	10	16.39	0.0017～0.25
毒死蜱	中等毒毒	≤1	61	14	22.95	0.021～0.12
氯氟氰菊酯	中等毒毒	≤0.2	56	10	17.86	0.0012～0.023
氯氰菊酯	中等毒毒	≤2	56	21	37.50	0.0023～0.069
氰戊菊酯	低毒	≤1	56	3	5.36	0.0034～0.021
三唑酮	低毒	≤0.5	56	13	23.21	0.0017～0.063
甲氰菊酯	中等毒毒	≤5	56	4	7.14	0.014～0.30

2.2　梨农药残留慢性膳食摄入风险和急性膳食摄入风险

从世界卫生组织（World Health Organization，WHO）数据库[14]可查询得到 7 种农药的 ARfD。三唑磷、毒死蜱、氯氟氰菊酯、氯氰菊酯、氰戊菊酯、三唑酮和甲氰菊酯等 7 种农药残留检出限（单位为 mg/kg）分别为 0.01，0.02，0.0005，0.003，0.002，0.001 和 0.002[9]。应用慢性和急性风险评估的相关公式对结果进行了计算，得到表 3.4.3。从表 3.4.3 可见，检出的 7 种农药慢性膳食摄入风险（％ADI）均远低于 100％，为 0.0085％～2.38％，平均为 0.40％。这表明，慈溪梨农药残留慢性膳食摄入风险是可以接受的，而且均很低。除三唑磷慢性膳食摄入风险值为 2.38％（大于 1％）外，其余 6 种农药的慢性膳食摄入风险值均小于 0.25％。

除三唑磷急性膳食摄入风险（％ARfD）为 460.00％，大于 100％，有不可接受风险外,其余 6 种农药的急性膳食摄入风险(％ARfD)均低于 100％,分别在 0.21％～19.92％,平均值为 4.97％,其风险均在可接受范围内。这表明慈溪市的梨农药残留急性膳食摄入风险是可以接受的,而且都很低。从表 3.4.3 还可以看出,除三唑磷外,各农药的最高残留量均远小于安全界限,进一步证实这些农药的急性膳食摄入风险均很低。

表 3.4.3　农药残留慢性风险评估和急性风险评估

农药		三唑磷	毒死蜱	氯氟氰菊酯	氯氰菊酯	氰戊菊酯	三唑酮	甲氰菊酯
慢性风险评估	每日允许摄入量(mg/kg bw)	0.001	0.01	0.002	0.05	0.02	0.03	0.03
	平均残留量(mg/kg)	0.021	0.020	0.0022	0.0067	0.0015	0.0040	0.011
	ADI(％)	2.38	0.23	0.13	0.015	0.0085	0.015	0.042
	最高残留	0.25	0.12	0.023	0.069	0.021	0.063	0.30
急性风险评估	99.9 百分位点(mg/kg)	0.2452	0.1200	0.0227	0.0676	0.0201	0.0620	0.2956
	急性参考剂量(mg/kg bw)	0.001	0.1	0.02	0.04	0.2	0.08	0.03
	估计短期摄入量(mg/kg)	0.0046	0.0024	0.00046	0.0014	0.00042	0.0013	0.0060
	ARfD(％)	460.00	2.39	2.29	3.44	0.21	1.57	19.92
	安全界限(mg/kg)	0.050	5.02	1.00	2.01	10.04	4.02	1.51

2.3　农药残留风险排序

根据我国居民日均梨消费量 0.068kg 以及我国居民食物摄入量(1056.6g)[19]推断,我国居民梨摄入量占总膳食的比例为 6.44％,根据表 3.4.1 确定梨膳食比例得分为 1。根据农药合理使用国家标准,每种农药在梨上最多使用 3 次。本文研究的梨均为晚中熟品种或晚熟品种,果实发育期在 90 天以上。因此,用公式(3.4.6)算得,各农药的使用频率均小于

2.5%,根据表 3.4.1 确定农药使用频率得分(D)为 0。虽然中国不同人群之间水果消费存在差异,但并没有可以用来判定存在高暴露人群的相关数据,因此根据表 3.4.1 确定高暴露人群得分(E)为 3。将 7 种农药的残留风险得分列于表 3.4.4。从表 3.4.4 可见,根据各农药的残留风险得分高低,可将 7 种农药分为 3 类,第 1 类为残留风险得分均大于等于 20 的高风险农药,共有 3 种;第 2 类为残留风险得分均在 15～20 的中风险农药,共有 2 种;第 3 类为风险得分均小于 15 的低风险农药,共有 2 种。

表 3.4.4　7 种农药残留风险得分

农药	毒性	毒效 (mg/kg bw)	膳食比例 (%)	使用 频率	高暴 露人群	残留水平 (mg/kg)	在所有样品 中的平均分
三唑磷	3	1	1	1	3	2	24.66
毒死蜱	3	1	1	1	3	2	24.92
氯氟氰菊酯	3	1	1	1	3	2	24.71
氯氰菊酯	3	0	1	1	3	2	19.13
氰戊菊酯	2	0	1	1	3	2	12.11
三唑酮	2	0	1	1	3	2	12.46
甲氰菊酯	3	0	1	1	3	2	18.21

用公式(3.4.8)计算出 61 个梨样品各自的农药残留风险指数(RI)。以 5 为 RI 级差,可将 61 个梨样品分为 4 类。第 1 类为高风险样品,RI≥15,共有 1 个样品,占 1.64%;第 2 类为中风险样品,10≤RI<15 的,共有 4 个样品,占 6.56%;第 3 类为低风险样品,5≤RI<10 的,共有 19 个样品,占 31.15%;第 4 类为极低风险样品,RI<5 的,共有 37 个样品,占 60.66%。这表明,慈溪梨农药残留风险水平以中、低和极低为主,占 93.44%。在农药残留风险为高或中的 5 个样品中,没有样品农药残留超标,均为农药多残留样品,检出的农药均在 3 种以上,最多为 4 种。

2.4　现有农药最大残留限量的适用性

在有残留检出的 7 种农药中,除三唑磷外,均制定了梨中最大残留限量[10]，梨中 7 种农药的最大残留限量估计值见表 3.4.5。从表 3.4.5 可见，氯氰菊酯、氰戊菊酯、三唑酮的最大残留限量均比 eMRL 低 50％以上。甲氰菊酯最大残留限量值比 eMRL 大 190％以上，显示甲氰菊酯最大残留限量过松，值得一提的是在梨中甲氰菊酯最大残留限量是参考了核果类水果的限量指标。按照最大残留限量可比 eMRL 略低或略高的原则，建议，三唑磷、氯氰菊酯、氰戊菊酯、三唑酮、甲氰菊酯的最大残留限量（单位为 mg/kg）分别设为 0.1，4.5，2，3，3。从表 3.4.5 可见，除三唑磷外，其余 6 种农药的 99.5 百分位点残留值[4,5]均显著低于国家最新的最大残留限量或最大残留限量建议值。表明这些最大残留限量和最大残留限量建议值能有效保护消费者的健康。

表 3.4.5　梨中 7 种农药的最大残留限量估计值和 5 种农药的最大残留限量建议值

农药	三唑磷	毒死蜱	氯氟氰菊酯	氯氰菊酯	氰戊菊酯	三唑酮	甲氰菊酯
ADI(mg/kg bw)	0.001	0.01	0.002	0.05	0.02	0.03	0.03
eMRL(mg/kg)	0.0876	0.8759	0.1752	4.3796	1.7518	2.6277	2.6277
MRL(mg/kg)	无	≤1	≤0.2	≤2	≤1	≤0.5	≤5 *
RMRL(mg/kg)	≤0.1	—	—	≤4.5	≤2	≤3	≤3
P99.5(mg/kg)	0.226	0.120	0.0216	0.0619	0.0165	0.0581	0.2780

注：＊没有明确的限量指标，参考了核果类水果的限量指标

3　讨论

3.1　慈溪市梨农药残留状况

从近 5 年的监测结果来看，5 年来共有 37 批次梨样品不同程度地有农药残留检出，但没有梨样品农药残留超标，样品农药检出率为 60.66％，超标率为 0.00％。检出的农药以杀虫类农药为主，且各种农药的残留量都较小。从梨农药残留慢性膳食摄入风险和急性膳食摄入风险评价结果

来看,除三唑磷外,风险均较低。从农药残留风险排序来看,高、中、低风险农药分别为 3 种、2 种、1 种。从梨样品各自的农药残留风险指数来看,只有 1 个高风险样品,其余样品均为风险低或极低的样品。

3.2　水果农药残留风险评估方法的演进

近几年,水果农药残留风险评估获得了飞速发展。国内刚开始只是对农药残留检测数据进行合格与不合格等简单的分析,直到 2010 年柴勇等引入食品安全指数法对蔬菜进行了农药残留风险评估[20],国内相关的研究才逐渐多起来,在 2012 年前多使用食品安全指数法和安全系数法在水果农药残留风险评估中进行研究。食品安全指数法根据单位体重农药估计摄入量与 ADI 值的比值来衡量农药残留风险大小,属于慢性风险评估范畴。在 2012 年后,张志恒等利用膳食摄入的相关指标％ADI 和％ARfD 对果蔬中氯吡脲残留进行了风险评估[5]。2013 年赵敏娴等对江苏居民有机磷农药膳食累积暴露急性风险进行了评估[11],2014 年聂继云等利用慢性和急性膳食摄入指标对单一水果品种苹果进行了风险评价[4]。聂继云等认为在农药残留风险排序方面,％ADI 和％ARfD 可分别作为农药残留慢性风险和急性风险的排序指标[4]。

3.3　影响农药残留风险评估方法的不确定性因素

农药残留风险评估方法正在不断完善,在评价过程中还有一些不确定性因素影响着评价结果。本文研究的梨样本都直接来自规模化种植的水果农场。规模化种植的水果农场管理相对规范,水果质量相对散户种植地好。因此,得到的相关数据风险评价结果可能要好于整体情况。

膳食数据的不确定性。本文中的长期膳食摄入评估的膳食数据来自公开发表的文献和卫生部在 2002 年进行的中国居民营养与健康状况调查资料,但是,这些年来我国居民的膳食结构数据在不断变化中。如由于储藏条件和储藏技术水平的提高,不少水果实现了可全年销售,延长了集中消费天数,降低了风险。居民日均消费量的估算,也是通过公开发表的文献资料统计得到的,而不是通过大数据分析得到。本文通过综合相关因素对我国居民日均梨消费量进行了估算,确定为 0.068kg,这个数据与聂继云等(2014)[4]认为苹果的日均消费量 0.072kg 相近。而对于体重,人的个体差异较大,国内不同的文献引用的数据有所不同,现在一般采用默认值 60kg[4,14]。单一样品中存在多种农药残留,多种农药残留的累积暴露风险有导致暴露风险较大的可能。这些不确性因素都给风险评估的结果带来了一定的影响,但是并不能对结果带来决定性的影响。

4 结论

慈溪市梨农药残留检出率相对较高,为 60.66%,但没有样品超标。通过分析表明,慈溪市梨农药残留慢性膳食摄入风险较低,各农药的慢性膳食摄入风险值均远低于 100%,为 0.0085%～2.38%,平均为 0.40%。各农药的最高残留量均远小于安全界限。除三唑磷急性膳食摄入风险(%ARfD)为 460.00%,大于 100%外,其余 6 种农药的急性膳食摄入风险(%ARfD)均低于 100%,分别为 0.21%～19.92%,平均值为 4.97 %。因三唑磷在梨中有不可接受的急性膳食摄入风险,应重点关注。

根据最大残留限量估计值,我国现行的梨中毒死蜱、氯氟氰菊酯最大残留限量规定合理,甲氰菊酯的最大残留限量规定过松,其他农药如三唑磷、氯氰菊酯、氰戊菊酯和三唑酮的最大残留限量均规定过严。因此,建议三唑磷、氯氰菊酯、氰戊菊酯、三唑酮、甲氰菊酯的最大残留限量(单位为mg/kg)分别设为 0.1,4.5,2,3,3。

参 考 文 献

[1] 浙江省慈溪市农林局.慈溪农业志[M].上海:上海科学技术出版社,1991:297.

［2］European Food Safety Authority. Scientific report of EFSA：The 2010 European Union report on pesticide residues in food[J]. EFSA Journal，2013，11(3)：3130.

［3］European Food Safety Authority. Reasoned opinion：Review of the existing maximum residue levels（MRLs）for diphenylamine according to Article 12 of Regulation（EC）No 396/20051[J]. EFSA Journal，2011，9(8)：2336.

［4］聂继云,李志霞,刘传德,等.苹果农药残留风险评估[J].中国农业科学,2014,47 (18)：3655－3667.

［5］张志恒,汤涛,徐浩,等.果蔬中氯吡脲残留的膳食摄入风险评估[J].中国农业科 学,2012,45(10)：1982－1991.

［6］唐淑军，梁幸,赖勇,等.水果农药残留研究分析[J].广东农业科学,2010(8)： 253－255.

［7］王冬群.翠冠梨不同组织中农药残留分布规律[J].浙江农业科学,2013(1)： 63－66.

［8］王多加,胡祥娜,禹绍周,等.深圳市水果农药残留污染状况调查[J].食品科学, 2003,24(8)：244－247.

［9］NY/T 761—2008 蔬菜和水果中有机磷、有机氯、拟除虫菊酯和氨基甲酸酯类农 药多残留的测定[S].

［10］GB 2763—2014 食品安全国家标准　食品中农药最大残留限量[S].

［11］赵敏娴,王灿楠,李亭亭,等.江苏居民有机磷农药膳食累积暴露急性风险评估 [J].卫生研究,2013,42(5)：844－848.

［12］王文辉,贾晓辉,杜艳民,等.我国梨果生产与贮藏现状 存在的问题与发展趋势 [J].保鲜与加工,2013,13(5)：1－8.

［13］Food and Agriculture Organization of the United Nations（FAO）. Submission and evaluation of pesticide residues data for estimation of maximum residue levels in food and feed（FAO plant production and Protection Paper 197）. Rome：FAO，2009（Second edition）

［14］WHO（World Health Organization）. A template for the automatic calculation of the IESTI［EB/OL］. http：// www. who. int/Food-safety/chem/IESTI_ calculation_13c. xlt.

［15］高仁君，陈隆智，张文吉. 农药残留急性膳食风险评估研究进展［J］.食品科学，2007，28（2）：363－368.

［16］ The Veterinary Residues Committee. Annual report on surveillance for veterinary residues in food in the UK 2010 ［EB/OL］. http：//www. vmd. defra. gov. uk/VRC/pdf/reports/vrcar2010. pdf. 2014－1－16.

［17］GB 15670—1995 农药登记毒理学试验方法 ［S］.

［18］药物在线. 化学物质索引数据库［DB/OL］. ［2016－03－03］. http：//www. clru8-future. com/chemolata/.

［19］金水高.中国居民营养与健康状况调查报告之十：2002 营养与健康状况数据集 ［M］.北京：人民卫生出版社，2008：40.

［20］柴勇，杨俊英，李燕，等.基于食品安全指数法评估重庆市蔬菜中农药残留的风险.西南农业学报，2010，23（1）：98－102.

第4章 慈溪市葡萄质量安全风险评价

第1节 慈溪市大棚葡萄质量安全风险评价

由于慈溪市独特的地理位置和气候条件,种植的葡萄品质优良,色美汁多味甜,深受人们喜欢。近几年来,慈溪市葡萄种植户越来越多,种植的面积也越来越大,且以大棚种植为主。但在葡萄成熟过程中不可避免地要使用一些农药。葡萄中农药残留多少是制约葡萄的质量安全水平的主要因素之一。因此,了解葡萄中的农药残留现状,保证葡萄的食用安全显得尤为重要。目前,对葡萄这个单一品种进行农药残留分析少见报道。因此,调查和测定葡萄中的农药残留情况,对于了解其健康风险和科学指导葡萄安全生产具有重要的现实意义。

本文主要针对慈溪市生产的大棚葡萄进行农药残留定量检测分析并进行质量安全风险评估,为安全食用和生产大棚葡萄提供科学依据。

1 材料与方法

1.1 调查对象

以慈溪市生产的大棚葡萄作为调查分析对象,于2012年7月对16个规模农场的16批次葡萄样品进行了定量检测。

1.2 样品分析与测定

按照 NY/T 761—2008[1]规定的方法测定敌敌畏、甲胺磷、乙酰甲胺磷、氧乐果、三唑磷、甲拌磷、毒死蜱、甲基对硫磷、马拉硫磷、对硫磷、水胺硫磷、磷胺、久效磷、百菌清、三唑酮、联苯菊酯、甲氰菊酯、氟氯氰菊酯、氯氟氰菊酯、氯氰菊酯、溴氰菊酯、氰戊菊酯、腐霉利、乙烯菌核利和三氯杀螨醇等 25 种农药残留量。所用仪器为 Agilent 公司 6890N 气相色谱仪配 7683 自动进样器，Agilent 公司 7890A 气相色谱仪配 7693A 自动进样器，分别采用火焰光度检测器(FPD)和微电子捕获检测器(μ-ECD)。测定结果按照 GB 2763—2005[2]，NY 1500.13.3~4 1500.31.1~49.2—2008[3]进行判定。

1.3 评价指标

风险系数(R)、食品安全指数(IFS)、平均食品安全指数($\overline{\text{IFS}}$)、每日允许摄入量(ADI)的定义和计算公式详见第 1 章第 3 节。

各种农药残留的可接受日摄入量(ADI)具体见表 4.1.1。

表 4.1.1　农药的 ADI 值　　　　(单位：mg/kg bw)

农药种类	ADI	农药种类	ADI	农药种类	ADI	农药种类	ADI
敌敌畏	0.004	甲基对硫磷	0.003	百菌清	0.02	氯氰菊酯	0.02
甲胺磷	0.004	杀螟硫磷	0.006	三唑酮	0.03	溴氰菊酯	0.01
乙酰甲胺磷	0.03	对硫磷	0.004	联苯菊酯	0.01	氰戊菊酯	0.02
氧乐果	0.000 3	水胺硫磷	0.003	甲氰菊酯	0.03	腐霉利	0.1
三唑磷	0.001	磷胺	0.000 5	氟氯氰菊酯	0.04	乙烯菌核利	0.01
甲拌磷	0.000 7	久效磷	0.000 6	氯氟氰菊酯	0.02	三氯杀螨醇	0.002
毒死蜱	0.01						

2　结果与分析

2.1　葡萄农药使用情况调查

我们在葡萄抽样的同时,通过查看农资仓库、农事记录、询问种植户和检查田间使用过的农药袋等方式对种植户在葡萄上的农药使用情况进行了了解。从对种植户使用农药的调查结果来看。16 个种植户不同程度地使用了 25 种药物中的 1 种或几种。我们通过简单归类,主要有 5 大类药物,杀菌类农药有 12 种,主要用来防治灰霉病、霜霉病、白腐病、炭疽病和黑痘病等;杀虫类农药 10 种,主要用于叶甲、蜘蛛和卷叶虫等;还有 1 种叶面肥,主要在葡萄成熟期使用,用于提高葡萄品质;另外还有一种除草剂,用于葡萄园中除草,详见表 4.1.2。本次调查发现各种植户农药的使用情况差异较大,但在葡萄成熟早期阶段腐霉利和氯吡脲使用频率均较高。

表 4.1.2　调查发现的农药

种类	农药
杀菌类	腐霉利、嘧霉胺、代森锰锌、阿维菌素、百菌清、甲托甲基硫菌灵、甲氨基阿维菌素、苯甲酯盐、喹啉铜、硫酸钾镁、吡唑醚菌酯、嘧菌酯
杀虫剂	多效唑、毒死蜱、甲霜霉、咪鲜胺、哒蛾灵、氯氟氰菊酯、嘧菌酯、氯氰菊酯、辛硫磷、吡虫啉
膨大剂	氯吡脲
叶面肥	叶霸
除草剂	百草枯

2.2　葡萄农药残留情况

通过农药残留定量检测发现,在 16 批次葡萄样品中有 8 批次样品不同程度地有农药残留检出,样品农药检出率为 50.0%;从农药检出次数来看,在 16 批次葡萄样品中共有 4 种农药 14 项次的残留检出,葡萄中农药检出率为 16.0％,其中一批次样品中最多同时有 4 种农药残留检出。从农药检出种类来看,有机磷类农药没有检出,拟除虫菊酯类农药检出 2 种 8 项次,杀菌剂检出 2 种 6 项次。从农药检出次数和残留量来看,氯氰菊酯检出次数最多,在 5 批次样品中有检出,残留量为 0.0075～0.041mg/kg,平均值为 0.20mg/kg;其次为百菌清在 3 批次样品中有检出,残留量为 0.0034～0.015mg/kg,平均值为 0.0076mg/kg;氯氟氰菊酯在 3 批次样品中有检出,检出量为 0.0038～0.023mg/kg,平均值为 0.016mg/kg;腐霉利在 3 批次样品中有检出,残留量为 0.029～0.15mg/kg,平均值为 0.079mg/kg。可见氯氰菊酯在受检测的葡萄样品中使用最多,检出的 4 种农药残留量普遍比较低,对照标准可知,本次检测的 16 批次葡萄农药残留都符合标准,详见表 4.1.3。

表 4.1.3　杀菌剂和拟除虫菊酯类农药残留检测结果（单位：mg/kg）

序号	百菌清	氯氟氰菊酯	氯氰菊酯	腐霉利
1	0.0045	0.023	0.010	0.059
2	ND	0.0038	ND	ND
3	ND	ND	ND	0.15
4	0.015	0.021	ND	ND
5	ND	ND	0.033	0.029
6	0.0034	ND	0.041	ND
7	ND	ND	ND	ND
8	ND	ND	ND	ND
9	ND	ND	ND	ND
10	ND	ND	ND	ND
11	ND	ND	0.0084	ND
12	ND	ND	0.0075	ND
13	ND	ND	ND	ND
14	ND	ND	ND	ND
15	ND	ND	ND	ND
16	ND	ND	ND	ND

注：ND 为没有农药残留检出

2.3　葡萄农药残留安全指数评价

由于本试验中敌敌畏、甲胺磷、乙酰甲胺磷、氧乐果、甲拌磷、甲基对硫磷、马拉硫磷、对硫磷、水胺硫磷、磷胺、久效磷、百菌清、联苯菊酯、甲氰菊酯、氟氯氰菊酯、溴氰菊酯和氰戊菊酯等21种农药没有残留检出，因此未计算它们的安全指数，根据公式仅计算有残留检出的4种农药的 IFS_C 值和 $\overline{IFS}$ 值。

从表4.1.4可以看出，本次检测的各种农药IFS都小于1，说明我们所监测的这几种农药在该时间段对葡萄安全没有明显影响，其安全状态均在可接受的范围之内。可见这25种农药都不是影响慈溪市葡萄质量安全的主要因素。

表4.1.4　葡萄中主要农药残留安全指数

IFS_C				$\overline{IFS}$
百菌清	氯氟氰菊酯	氯氰菊酯	腐霉利	
0.0019	0.0029	0.0051	0.0037	0.00054

2.4　葡萄质量安全评价

本研究采用短期风险系数进行分析。设定本实验 $a=100, b=0.1$，由于本实验的数据来源于正常施检，所以 $S=1$，此时计算的结果，若 $R<1.5$，则该危害物低度风险；若 $1.5 \leqslant R < 2.5$，则该危害物中度风险；若 $R \geqslant 2.5$，则该危害物高度风险。

本实验中除百菌清、氯氟氰菊酯、氯氰菊酯和腐霉利外，其余农药没有农药残留检出，因此，只计算有残留检出的4种农药的风险系数。由于4种农药的样本超标率为0，经过计算可知风险系数均为1.1，小于1.5，为低度风险，详见表4.1.5。

表 4.1.5　葡萄中主要农药残留的风险系数

	百菌清	氯氟氰菊酯	氯氰菊酯	腐霉利
超标率(%)	0	0	0	0
风险系数	1.1	1.1	1.1	1.1

2.5　相关标准对葡萄 4 种农药的限量要求

目前,常用的标准有《GB 2763—2005 食品中农药最大残留限量》[2]、《NY/T 844—2010 绿色食品　温带水果》[4]、《NY 5086—2005 无公害食品　落叶浆果类果品》[5] 和《GB 18406.2—2001 农产品安全质量　无公害水果安全要求》[6]。对照标准,我们发现这次抽样检测的样品都为合格,详见表 4.1.6。从这些标准对我们本次检出的 4 种农药的限量要求来看,GB 18406.2—2001 要求最严,其次为 GB 2763—2005、NY/T 5086—2005,而 NY/T 844—2010 对我们本次检出的 4 种农药只有 1 种有规定,可见作为优质农产品的绿色食品标准在这 4 种农药残留限量要求方面要明显落后于无公害等其他相关几个标准。4 个标准都对百菌清在葡萄上的残留限量做出了具体的规定。可见相关标准对葡萄的农药残留限量标准还不够完善。

表 4.1.6　相关标准对 6 种农药的限量要求　　　　（单位：mg/kg）

	百菌清	氯氟氰菊酯	氯氰菊酯	腐霉利
GB 2763—2005 食品中农药最大残留限量[2]	≤0.5	无	无	≤5
NY/T 844—2010 绿色食品　温带水果[4]	≤1	无	无	无
NY/T 5086—2005 无公害食品　落叶浆果类果品[5]	≤1	无	≤2	无
GB 18406.2—2001 农产品安全质量　无公害水果安全要求[6]	≤1.0	≤0.2	≤2.0	无

3　讨论

从本次抽样检测情况来看,在葡萄中除有机磷农药外,拟除虫菊酯类和杀菌类农药均有不同程度的检出。主要有 4 种农药,在样品中农药检出率较高,但农药的残留量都较低,都没有超出国家相关标准。通过我们这次的抽样检测发现慈溪市的葡萄种植户在科学用药和质量安全意识较强,较好掌握了农药使用的安全间隔期。在目前还不能完全不使用农药的情况下,做到农药的安全使用间隔期显得尤为重要。种植户使用农药差异较大也告诉我们,种植户改变原有的种植习惯,做到科学的标准化生产还有很长的一段路要走。

从葡萄农药残留安全指数评价结果来看,25 种农药在该时间段对葡萄安全没有明显影响,其安全状态均在可接受的范围之内。可见这 25 种农药都不是影响慈溪市葡萄质量安全的主要因素。从风险系数分析结果来看,也进一步确定慈溪市的葡萄在农药残留方面是低风险的,在农药残留方面是安全的,是可以放心食用的。但目前利用安全指数来进行风险评估尚在起步阶段,缺少一些基础的权威的调查数据,如葡萄这单一品种的单人日均消费量缺失给风险评估的结果的有效性带来了一定的不确定性。

对照国家的相关标准我们发现一些农药在葡萄上没有相关的限量标准,在产品合格与否缺少了判定依据。可见虽然近几年我国的标准更新很快,但是还不够完善。我国地域辽阔,就同一品种而言,在不同地区的农药使用习惯差异也很大,造成在标准制定时很难对所有在使用的农药进行全覆盖,因此我国相关标准修订完善必然是个循序渐进的过程。

从我们调查得到的农药来看,只有 5 种农药包括在我们 25 种检测的农药当中,而其中 4 种农药都有不同程度的检出。还有 20 种农药是种植户在用而我们由于种种原因至今仍没有开展常规检测的项目。检测项目范围不够大也使本次风险评价的结果存在着一定的局限性。

参 考 文 献

[1] NY/T 761—2008，蔬菜和水果中有机磷、有机氯、拟除虫菊酯和氨基甲酸酯类农药多残留的测定[S].

[2] GB 2763—2005 食品中农药最大残留限量[S].

[3] NY 1500.13.3～4 1500.31.1～49.2—2008 蔬菜、水果中甲胺磷等 20 种农药最大残留限量[S].

[4] NY/T 844—2010 绿色食品　温带水果[S].

[5] NY/T 5086—2005 无公害食品　落叶浆果类果品[S].

[6] GB 18406.2—2001 农产品安全质量　无公害水果安全要求[S].

第 2 节　基于食品安全指数法评估
慈溪市葡萄农药残留的风险

由于慈溪市独特的地理位置和气候条件,出产的葡萄汁多味甜,品质优良,深受人们喜爱。特别是近 10 年来,随着设施葡萄种植技术的成熟,种出来的葡萄品质越来越好,种植葡萄的效益明显提升。慈溪市葡萄种植户越来越多,种植的面积也越来越大。但在葡萄成熟过程中不可避免地要使用一些农药用于防治病虫害。葡萄中农药残留多少不仅影响葡萄的质量安全水平,而且也是制约葡萄质量的主要因素之一。因此,了解葡萄中的农药残留状况,从而保证葡萄的食用安全和指导葡萄种植户科学合理使用农药都具有重要意义。

本文对慈溪市近 6 年来生产的葡萄进行农药残留定量分析并进行风险评估,拟通过了解过去葡萄中农药残留的情况,分析现状,为未来一段时间葡萄质量安全趋势预测分析提供科学依据。

1　材料与方法

1.1　调查对象

在 2008—2013 年以慈溪市生产的葡萄作为调查分析对象。在葡萄生产成熟季节对葡萄进行了定量检测,6 年来共检测葡萄样品 169 批次。

1.2　样品分析与测定

按照 NY/T 761—2008[1]规定的方法测定敌敌畏、甲胺磷、乙酰甲胺磷、氧乐果、三唑磷、甲拌磷、毒死蜱、甲基对硫磷、马拉硫磷、对硫磷、水胺硫磷、磷胺、久效磷、百菌清、三唑酮、联苯菊酯、甲氰菊酯、氟氯氰菊酯、氯氟氰菊酯、氯氰菊酯、溴氰菊酯和氰戊菊酯等 22 种农药残留量。其中 2009 年、2011 年仅检测 13 种有机磷农药,2012—2013 年加测了农药腐霉利。所用仪器为 Agilent 公司 6890N 气相色谱仪配 7683 自动进样器,Agilent 公司 7890A 气相色谱仪配 7693A 自动进样器,采用火焰光度检测器(FPD)和微电子捕获检测器(μ-ECD)。测定结果按照 GB 2763—2012[2]进行判定。

1.3 评价指标

风险系数(R)、食品安全指数(IFS)、平均食品安全指数($\overline{\text{IFS}}$)、每日允许摄入量(ADI)的定义和计算公式详见第 1 章第 3 节。

各种农药残留的可接受日摄入量(ADI)具体见表 4.2.1。

4.2.1 农药的 ADI 值 （单位：mg/kg bw）

农药种类	ADI	农药种类	ADI	农药种类	ADI	农药种类	ADI
敌敌畏	0.004	甲基对硫磷	0.003	毒死蜱	0.01	联苯菊酯	0.01
甲胺磷	0.004	杀螟硫磷	0.006	百菌清	0.02	氯氰菊酯	0.02
乙酰甲胺磷	0.03	对硫磷	0.004	三唑酮	0.03	溴氰菊酯	0.01
氧乐果	0.000 3	水胺硫磷	0.003	甲氰菊酯	0.03	氰戊菊酯	0.02
三唑磷	0.001	磷胺	0.000 5	氟氯氰菊酯	0.04	腐霉利	0.1
甲拌磷	0.000 7	久效磷	0.000 6	氯氟氰菊酯	0.02		

2 结果与分析

2.1 不同时间段葡萄农药残留检出率和超标率

从近 6 年的葡萄样品的检测数量来看,2010 年检测样品数量最多。这与慈溪近几年的葡萄产业发展情况基本吻合。除了 2011 年没有农药残留检出外,其他年份都有不同程度的农药残留检出。其中 2013 年检出农药的葡萄样品数量最多。6 年来仅在 2012 年有一批次葡萄样品有农药残留超标,6 年来葡萄总的农药检出率为 24.85%,超标率为 0.59%(表 4.2.2)。

表 4.2.2　2008—2013 年葡萄抽样数与农药残留情况

年份	检测数(份)	个数样品(检出次数)	检出率(%)	超标率(%)
2008 年	16	2(3)	12.5	0.00
2009 年	18	1(1)	5.56	0.00
2010 年	41	1(1)	2.44	0.00
2011 年	27	0(0)	0.00	0.00
2012 年	34	14(20)	41.18	2.94
2013 年	33	24(31)	72.73	0.00
合计	169	42(56)	24.85	0.59

从不同月份来看,检测的葡萄样品主要是 7 月和 8 月生产的,这与葡萄的生产成熟季节主要集中在 7 月和 8 月相吻合。6 年来,除 6 月和 10 月没有农药残留检出外。7 月、8 月和 9 月都有不同程度的农药残留的检出。其中 7 月份的农药残留检出数量最多,检出次数也最多,达到了 32 个样品45 项次。超标的样品出现在 9 月份,详见表 4.2.3。

表 4.2.3　2008—2013 年不同月份葡萄农药残留情况

月份	年份						检测数(份)	个数样品(检出次数)	检出率(%)	超标率(%)
	2008	2009	2010	2011	2012	2013				
6 月	1	0	0	1	0	1	3	0(0)	0.00	0.00
7 月	4	3	16	9	18	26	76	32(45)	42.11	0.00
8 月	10	9	15	14	14	5	67	6(6)	8.96	0.00
9 月	1	4	10	3	2	1	21	4(5)	19.05	4.76
10 月	0	2	0	0	0	0	2	0(0)	0	0
合计	16	18	41	27	34	33	169	42(56)	24.85	0.59

2.2 不同时间段葡萄中农药检出和超标的次数、残留量

通过农药残留定量检测发现,6 年来共有 42 批次样品有不同程度的农药残留检出,其余样品没有任何农药残留检出,样品农药检出率为 24.85%,23 种农药中共有 7 种农药检出,葡萄中农药检出率为 30.43%。6 年来共有敌敌畏、乙酰甲胺磷、氰戊菊酯、百菌清、氯氟氰菊酯、氯氰菊酯和腐霉利等 7 种农药不同程度的检出。从检出的农药种类来看,杀菌剂类农药有 2 种,共检出了 31 次,拟除虫菊酯类农药有 3 种,共检出了 21 次,有机磷类农药有 2 种,检出了 2 次(表 4.2.4)。从葡萄中农药检出和超标的次数来看,腐霉利检出次数最多为 19 次,残留检出量在 0.0050~0.41mg/kg;其次为百菌清在 12 批次样品中有检出,残留检出量在 0.0034~0.21mg/kg;氯氟氰菊酯、氯氰菊酯在均有 10 次检出,检出残留量分别为 0.0015~0.086mg/kg 和 0.0075~0.054mg/kg(表 4.2.6)。敌敌畏、乙酰甲胺磷、氰戊菊酯均仅在一批次样品中有检出。可见百菌清、氯氟氰菊酯、氯氰菊酯、腐霉利在葡萄中的使用相对比较多,但其残留量普遍比较低。从不同年份来看,2012 年检出的农药种类最多有 5 种,2013 年次之,有 4 种;检出的农药次数 2013 年最多,为 24 批次样品 31 项次,详见表 4.2.4。从不同月份来看,9 月检出的农药种类最多,为 5 种;检出的农药次数 7 月份最多,为 45 项次(表 4.2.5)。

表 4.2.4　2008—2013 年葡萄中农药检出和超标的次数　　(单位:次)

年份	敌敌畏	乙酰甲胺磷	百菌清	氯氟氰菊酯	氯氰菊酯	氰戊菊酯	腐霉利
2008 年	1	0	2	0	0	0	0
2009 年	0	1	0	0	0	0	0
2010 年	0	0	0	1	0	0	0
2011 年	0	0	0	0	0	0	0

年份	敌敌畏	乙酰甲胺磷	百菌清	氯氟氰菊酯	氯氰菊酯	氰戊菊酯	腐霉利
2012 年	0	0	5	6	5	1	3
2013 年	0	0	5	3	7	0	16
合计	1	1	12	10	12	1	19
超标	0	0	0	0	0	1	0

表 4.2.5　不同月份农药残留检出情况　　　　（单位：次）

月份	敌敌畏	乙酰甲胺磷	百菌清	氯氟氰菊酯	氯氰菊酯	氰戊菊酯	腐霉利	合计
6 月	0	0	0	0	0	0	0	0
7 月	0	0	9	6	11	0	19	45
8 月	0	0	2	3	1	0	0	6
9 月	1	1	1	1	0	1	0	5
10 月	0	0	0	0	0	0	0	0

表 4.2.6　葡萄中农药污染　　　　（单位：mg/kg）

年份	敌敌畏	乙酰甲胺磷	百菌清	氯氟氰菊酯	氯氰菊酯	氰戊菊酯	腐霉利
2008 年	0.046	ND	0.21	ND	ND	ND	ND
2009 年	ND	0.12	ND	—	—	—	—
2010 年	ND	ND	ND	0.0073	ND	ND	ND
2011 年	ND	ND	ND	ND	ND	ND	ND
2012 年	ND	ND	0.0034～0.052	0.0038～0.086	0.0075～0.041	2.1	0.029～0.15
2013 年	ND	ND	0.0058～0.035	0.0015～0.061	0.0096～0.054	0	0.0050～0.41
范围	0.046	0.12	0.0034～0.21	0.0015～0.086	0.0075～0.054	2.1	0.0050～0.41

注：ND 为未检出；—为该年度没有检测

2.3　葡萄农药残留安全指数评价

由于本试验中甲胺磷、氧乐果、三唑磷、甲拌磷、毒死蜱、甲基对硫磷、马拉硫磷、对硫磷、水胺硫磷、磷胺、久效磷、三唑酮、联苯菊酯、甲氰菊酯、氟氯氰菊酯和溴氰菊酯等 16 种农药没有残留情况。所以未计算其安全指数。根据公式仅计算有残留检出的 7 种农药的 IFS$_C$ 值和 $\overline{\text{IFS}}$ 值。

从表 4.2.7 可以看出,6 年来检测的各种农药 IFS 都小于 1,说明我们所监测的这几种农药在该时间段对葡萄安全没有明显影响,其安全状态均在可接受的范围之内。可见这 23 种农药都不是影响慈溪市葡萄质量安全的主要因素。

表 4.2.7　葡萄中主要农药残留安全指数

			IFS$_C$				$\overline{\text{IFS}}$
敌敌畏	乙酰甲胺磷	百菌清	氯氟氰菊酯	氯氰菊酯	氰戊菊酯	腐霉利	
0.029	0.010	0.026	0.011	0.0067	0.26	0.010	0.015

2.4　葡萄质量安全评价

本研究采用长期风险系数进行分析。设定本次调查 $a=100,b=0.1$,由于本次调查的数据来源于正常施检,所以 $S=1$,此时计算的结果,若 $R<1.5$,则该危害物低度风险;或 $1.5 \leqslant R<2.5$,则该危害物中度风险;若 $R \geqslant 2.5$,则该危害物高度风险。

本实验中除敌敌畏、乙酰甲胺磷、百菌清、氯氟氰菊酯、氯氰菊酯、氰戊菊酯和腐霉利外,其余农药没有农药残留检出,因此,只计算有残留检出的 7 种农药的风险系数。除氰戊菊酯外,其余 6 种农药的样本超标率为 0,经过计算可知 5 风险系数均为 1.1,小于 1.5,为低度风险。氰戊菊酯风险系数为 1.69,大于 1.5 而小于 2.5,为中度风险。

表 4.2.8　葡萄中主要农药残留的风险系数

	敌敌畏		乙酰甲胺磷		百菌清		氯氟氰菊酯		氯氰菊酯		氰戊菊酯		腐霉利	
	超标率(%)	风险系数	超标率(%)	风险系数	超标率(%)	风险系数	超标率(%)	风险系数	超标率(%)	风险系数	超标率(%)	风险系数	超标率(%)	风险系数
葡萄	0	1.1	0	1.1	0	1.1	0	1.1	0	1.1	0.59	1.69	0	1.1

2.5　相关标准对葡萄 7 种农药的限量要求

目前,常用的标准有《GB 2763—2012 食品中农药最大残留限量》[2],《NY/T 844—2010 绿色食品　温带水果》[3] 和《GB 18406.2—2001 农产品安全质量　无公害水果安全要求》[4],对照标准,发现除在 2009 年葡萄样品中检出氰戊菊酯为 2.1mg/kg,超出了三个常用标准的限量要求,为不合格外,其余检测的样品都为合格,详见表 4.2.9。从这些标准对我们检出的 7 种农药的限量要求来看,GB 2763—2012、GB 18406.2—2001 分别对 5 种农药进行了限量要求,而 NY/T 844—2010 仅对我们检出的 3 种农药都有明确规定,可见作为优质农产品的绿色食品标准在这 7 种农药残留限量要求方面要明显落后于无公害等其他 2 个标准。

表 4.2.9　相关标准对 7 种农药的限量要求　　　（单位：mg/kg）

	GB 2763—2012 食品中农药最大残留限量[2]	NY/T 844—2010 绿色食品　温带水果[3]	GB 18406.2—2001 农产品安全质量　无公害水果安全要求[4]
敌敌畏	≤0.2	≤0.2	≤0.2
乙酰甲胺磷	≤0.5	无	无
百菌清	≤0.5	≤1	≤1.0
氯氟氰菊酯	无	无	≤0.2
氯氰菊酯	无	无	≤2.0
氰戊菊酯	≤0.2	≤0.2	≤0.2
腐霉利	≤5	无	无

3　讨论

从 2008—2013 年对葡萄定量检测的结果来看,在葡萄中拟除虫菊酯类、有机磷农药和杀菌剂都有不同程度的使用。从农药残留检出的情况看,主要有 4 种农药检出率较高,但检出农药的残留量都较低,样品合格率为 99.41%。通过我们长期定量检测发现慈溪市的葡萄种植户在科学用药意识较强,较好掌握了农药使用的安全间隔期。在目前还不能完全不使用农药的情况下,做到农药的安全使用间隔期显得尤为重要。同时对近 6 年的跟踪检测分析,也发现近两年葡萄中农药残留检出的样品批次数和农药次数明显上升,提示我们种植户已从以前的相对粗放型的管理向精细化的管理转变,所用的农药品种和频率有所提高。因此林业技术推广部门要进一步加强在葡萄种植过程中科学合理用药的宣贯工作,使种植户的科学合理用药意识得到进一步的增强。有农药检出的时间段主要是在 7 月份,提示我们要重视 7 月份上市的葡萄质量管理问题。

从葡萄农药残留安全指数评价结果来看,22 种农药在该时间段对葡萄安全没有明显影响,其安全状态均在可接受的范围之内。可见这 22 种农药都不是影响慈溪市葡萄质量安全的主要因素。从风险系数分析结果来看,除氰戊菊酯为中度风险外,其余农药均为低度风险,也进一步确定慈溪市的葡萄在农药残留方面是低风险的,慈溪葡萄在农药残留方面是安全的,是可以放心食用的。但目前利用安全指数来进行风险评估尚在起步阶段,缺少一些基础的权威的调查数据,特别是单一葡萄品种的单人日均消费量缺失给葡萄风险评估的结果的有效性带来了一定的不确定性。

参 考 文 献

[1] NY/T 761—2008 蔬菜和水果中有机磷、有机氯、拟除虫菊酯和氨基甲酸酯类农药多残留的测定[S].

[2] GB 2763—2012 食品安全国家标准　食品中农药最大残留限量[S].

[3] NY/T 844—2010 绿色食品　温带水果[S].

[4] GB 18406.2—2001 农产品安全质量　无公害水果安全要求[S].

第 3 节　慈溪市葡萄农药残留膳食摄入风险评估

近几年慈溪市葡萄种植发展较快,到 2012 年全市种植面积 3266.7 hm²,设施葡萄面积 2333.3hm²,产量 5.1 万 t[1]。但在葡萄成熟过程中不可避免地会使用一些农药用于病虫害防治,这引起了部分消费者的顾虑,担心葡萄的食用安全问题。葡萄中农药残留多少不仅影响葡萄的质量安全水平,而且也是制约葡萄可持续安全生产的主要因素之一。因此,开展葡萄农药残留的膳食摄入风险评估对于保证葡萄的食用安全和指导葡萄种植户科学合理使用农药都具有重要意义。

国外水果农药残留风险评价研究已有不少报道[2,3,4]。国内水果农药残留风险评价起步较晚、报道不多[4]。聂继云等[4]开展了苹果农药残留风险评估,张志恒等[5]开展了果蔬中氯吡脲残留的膳食摄入风险评估,也有利用食品安全指数进行风险评估[6]。目前利用慢性和急性膳食摄入风险评价指标进行评价的较少,就葡萄而言,相关的报道更少。

国内农药残留研究虽已涉及葡萄[7-9],但多集中在检测方法上,风险评价的很少,且缺乏系统性。我们也曾用安全指数法等方法对慈溪葡萄按时间变化进行了详细分析[6]。但利用慢性和急性膳食风险评价指标进行评价葡萄的还未见报道。国内学者近几年成功利用慢性、急性膳食摄入风险对苹果等水果蔬菜进行了评价[4,5],为国内相关产品进行评价奠定了基础。本文引用相关技术指标对慈溪市的葡萄进行了相关评估,为相关研究人员提供参考。

通过研究明确慈溪市葡萄农药残留与风险现状,确定需要重点关注的农药种类,探明现行农药最大残留限量的适宜性,提出农药最大残留限量修订建议,并为相关研究提供有益借鉴。

1　材料与方法

1.1　调查对象

以慈溪市各镇街道 2008—2013 年生产的设施葡萄作为研究分析材料。在葡萄生产成熟季节对葡萄全果进行了 23 种农药残留的定量检测分析。6 年来共定量检测分析葡萄样品 169 批次。

1.2　样品分析与测定

按照 NY/T 761—2008[10]规定的方法测定马拉硫磷、氯氰菊酯、水胺硫磷、氧乐果、甲拌磷、联苯菊酯、对硫磷、氰戊菊酯、敌敌畏、磷胺、溴氰菊酯、久效磷、百菌清、三唑磷、三唑酮、甲氰菊酯、乙酰甲胺磷、氟氯氰菊酯、毒死蜱、氯氟氰菊酯、甲胺磷、腐霉利和甲基对硫磷等 23 种农药残留量。其中 2009 年、2011 年仅检测 13 种有机磷农药，2012～2013 年加测了农药腐霉利。所用仪器为 Agilent 公司 6890N 气相色谱仪配 7683 自动进样器和火焰光度检测器（FPD），Agilent 公司 7890A 气相色谱仪配 7693A 自动进样器和微电子捕获检测器（μ-ECD）。测定结果按照 GB 2763—2014[11]进行判定。并针对检出的农药（设为 n 种）和全部 169 批次的葡萄样品进行农药残留风险评估。对于检出的 n 种农药，当某个样品中的检测值小于LOD（检出限）时，用 1/2LOD 代替[4,12]。

1.3　慢性膳食摄入风险评估

根据中国葡萄产量（$1138×10^4$ t）[13]，其中鲜食约占 70%[13]（$796.6×10^4$ t）、出口鲜食葡萄量（$10.53×10^4$ t）[13]、贮藏运输损耗率（20%）[14,15]和集中消费天数（100 天）[14,16]，折算出中国居民日均葡萄消费量为 0.046kg。用公式（4.3.1）计算各农药的慢性膳食摄入风险（%ADI）[4,5]。%ADI 越小风险越小,当％ADI≤100％时,表示风险可以接受;反之,当％ADI＞100％时,表示有不可接受的风险。

$$\%ADI = \frac{STMR \times 0.046}{b_w \times ADI} \tag{4.3.1}$$

式中,STMR 为规范试验残留中值,取平均残留值[4,5],单位 mg/kg;0.046 为居民日均葡萄消费量,单位为 kg;ADI 为每日允许摄入量[11],单位 mg/kg bw;b_w 为体重,单位为 kg,按 60kg 计[17]。

1.4　急性膳食摄入风险评估

根据世界卫生组织(WHO)数据[18],中国居民葡萄消费的大份餐(LP)为 0.5703kg,葡萄单果重为 0.6366kg,葡萄个体之间变异因子(ν)为 3。用公式(4.3.2)计算各农药的估计短期摄入量[4,16]。分别用公式(4.3.3)和(4.3.4)计算各农药的急性膳食摄入风险(％ARfD)和安全界限(SM)[4,5]。％ARfD 越小风险越小,当％ARfD≤100％时,表示风险可以接受;反之,％ARfD＞100％时,表示有不可接受的风险。

$$ESTI = \frac{U \times HR \times \nu(LP - U) \times HR}{b_w} \tag{4.3.2}$$

$$\%ARfD = \frac{ESTI}{ARfD} \times 100 \tag{4.3.3}$$

$$SM = \frac{ARfD \times b_w}{U \times \nu + LP - U} \tag{4.3.4}$$

式(4.3.2)～(4.3.4)中,ESTI 为估计短期摄入量,单位为 kg;U 为单果重量,单位为 kg;HR 为最高残留量,取 99.9 百分位点值[5,19],单位为 mg/kg;ν 为变异因子;LP 为大份餐,单位为 kg;ARfD 为急性参考剂量,单位为 mg/kg bw。

1.5　最大残留限量估计值

为保护消费者,理论最大日摄入量[4,5,17]应不大于每日允许摄入量[4,5]。据此导出最大残留限量估计值计算公式,即公式(4.3.5)。

$$eMRL = \frac{ADI \times b_w}{F} \qquad (4.3.5)$$

式中,eMRL 为最大残留限量估计值,单位为 mg/kg;F 为葡萄日消费量,按照最大风险原则,取大份餐(LP)[4],单位为 kg。

1.6 风险排序

借鉴英国兽药残留委员会兽药残留风险排序矩阵[4]。用毒性指标代替药性指标。膳食比例(葡萄占居民总膳食的百分率,单位%)以及农药毒效(即 ADI 值)、使用频率、高暴露人群、残留水平等 5 项指标均采用原赋值标准[20],各指标的赋值标准见表 4.3.1。毒性采用急性经口毒性,根据经口半数致死量(LD$_{50}$)分为剧毒、高毒、中毒和低毒等四类[21],各农药的 LD$_{50}$ 从药物在线网[22]查得。ADI 值从国家标准[11]查得。农药使用频率(FOD)按公式(4.3.6)计算。样品中各农药的残留风险得分(S)用公式(4.3.7)[4]计算。各农药的残留风险得分以该农药在所有样品中的残留风险得分的平均值计,该值越高,残留风险越大。葡萄样品的农药残留风险用风险指数排序,该指数越大,风险越大。风险指数(RI)按公式(4.3.8)计算。

$$FOD = T/P \times 100 \qquad (4.3.6)$$

$$S = (A + B) \times (C + D + E + F) \qquad (4.3.7)$$

$$RI = \sum_{i=1}^{n} S - TS_0 \qquad (4.3.8)$$

式(4.3.6)~(4.3.8)中:P 为果实发育日数(葡萄从开花到果实成熟所经历的时间,单位为天);T 为果实发育过程中使用该农药的次数;A 为毒性得分;B 为毒效得分;C 为葡萄膳食比例得分;D 为农药使用频率得分;E 为高暴露人群得分;F 为残留水平得分;n 为检出的农药,单位为种;TS$_0$ 为 n 种农药均未检出的样品的残留风险得分,用公式(4.3.7)算出 n 种农药各自的残留风险得分后求和得到。

表 4.3.1　葡萄农药残留风险排序指标得分赋值标准

指标	指标值	得分	指标值	得分	指标值	得分	指标值	得分
毒性	低毒	2	中毒	3	高毒	4	剧毒	5
毒效 (mg/kg bw)	$>1\times10^{-2}$	0	$1\times10^{-4}\sim$ 1×10^{-2}	1	$1\times10^{-6}\sim$ 1×10^{-4}	2	$<1\times10^{-6}$	3
膳食比例(%)	<2.5	0	2.5~20	1	20~50	2	50~100	3
使用频率(%)	<2.5	0	2.5~20	1	20~50	2	50~100	3
高暴露人群	无	0	不太可能	1	很可能	2	有或无相关数据	3
残留水平 (mg/kg)	未检出	1	<1MRL	2	≥1MRL	3	≥10MRL	4

2　结果与分析

2.1　葡萄中农药污染分析

6 年来共检测了 169 批次葡萄样品,其中 42 批次样品有农药残留不同程度地检出,有 1 批次葡萄样品农药残留超标,6 年来葡萄总的农药检出率为 24.85%,超标率为 0.59%。各种农药检出和超标情况详见表 4.3.2。共有 7 种农药检出,经药物在线网[22]查询得到各种农药的毒性,其中 4 种低毒农药和 3 种中毒农药,没有高毒农药被检出。从农药的检出率来看,腐霉利检出率为最高,达到了 28.36%,百菌清、氯氟氰菊酯和氯氰菊酯的检出率分别达到了 9.68%,8.06%,8.06%,其余 3 种农药的检出率均小于 1%。从超标率来看,仅有 1 批次样品农药残留超标(氰戊菊酯超标)。没有禁用农药残留检出。敌敌畏、乙酰甲胺磷、氯氟氰菊酯、氯氰菊酯、氰戊菊酯均未在葡萄上检出。氯氟氰菊酯在我国尚未有制定葡萄中的最大残留限量[11],葡萄中其余 6 种农药的最大残留限量见表 4.3.2。

表 4.3.2　葡萄中农药污染

农药	毒性	最大残留限量 （mg/kg）	样本数 （批次）	检出次数 （次）	检出率 （%）	超标率 （%）	残留水平 （mg/kg）
敌敌畏	低毒	0.2 *	169	1	0.59	0.00	0.046
乙酰甲胺磷	低毒	0.5 *	169	1	0.59	0.00	0.12
百菌清	低毒	0.5	124	12	9.68	0.00	0.0034~0.21
氯氟氰菊酯	中等毒	无	124	10	8.06	0.00	0.0038~0.086
氯氰菊酯	中等毒	0.2	124	10	8.06	0.00	0.0075~0.054
氰戊菊酯	中等毒	0.2 *	124	1	0.81	0.81	2.1
腐霉利	低毒	5	67	19	28.36	0.00	0.0050~0.41

注：* 没有明确的限量指标，参考了浆果类的限量指标

2.2　葡萄农药残留慢性膳食摄入风险和急性膳食摄入风险

从世界卫生组织数据库[23]可查询得到 7 种农药的 ARfD。敌敌畏、乙酰甲胺磷、百菌清、氯氟氰菊酯、氯氰菊酯、氰戊菊酯、腐霉利检出限（单位为 mg/kg）分别为 0.01，0.03，0.0003，0.0005，0.003，0.002，0.002[10]。应用慢性和急性风险评估的相关公式对结果进行了计算，得到表 4.3.3。从表 4.3.3 可见，检出的 7 种农药慢性膳食摄入风险均远低于 100%，为 0.010%～1.34%，平均值为 0.23%。这表明，慈溪葡萄农药残留慢性膳食摄入风险是可以接受的，而且均很低。其中除百菌清慢性膳食摄入风险值为 1.34%，大于 1%外，其余慢性膳食摄入风险值均小于 0.070%。

这 7 种农药的急性膳食摄入风险（%ARfD）均低于 100%，为 0.98%～28.30%，平均值为 8.90%。这表明慈溪市的葡萄农药残留急性膳食摄入风险是可以接受的，而且都很低。从表 4.3.3 还可以看出，各农药的最高残留量均远小于安全界限，进一步证实这些农药的急性膳食摄入风险均很低。

表 4.3.3　农药残留慢性风险评估和急性风险评估

农药		敌敌畏	乙酰甲胺磷	百菌清	氯氟氰菊酯	氯氰菊酯	氰戊菊酯	腐霉利
慢性风险评估	每日允许摄入量(mg/kg bw)	0.004	0.03	0.02	0.02	0.02	0.02	0.1
	平均残留量(mg/kg)	0.0052	0.0156	0.035	0.0027	0.0034	0.0179	0.0162
	ADI(%)	0.10	0.040	1.34	0.010	0.013	0.069	0.012
急性风险评估	最高残留	0.046	0.12	0.21	0.086	0.054	2.1	0.41
	99.9 百分位点(mg/kg)	0.0391	0.1024	0.1906	0.0829	0.0524	1.8418	0.3961
	急性参考剂量[15](mg/kg bw)	0.1	0.1	0.6	0.02	0.04	0.2	0.1
	估计短期摄入量(mg/kg)	0.0012	0.0031	0.0059	0.0025	0.0016	0.0566	0.0122
	ARfD(%)	1.20	3.10	0.98	12.50	4.00	28.30	12.20
	安全界限(mg/kg)	3.25	3.25	19.53	0.65	1.30	6.51	3.25

2.3　农药残留风险排序

　　根据我国葡萄产量、鲜食量、出口鲜食葡萄量、贮藏运输损耗率以及我国居民食物摄入量(1056.6g)[24]推断,我国居民葡萄摄入量占总膳食的比例为 4.35%,根据表 4.3.1 确定葡萄膳食比例得分为 1。根据农药合理使用国家标准,每种农药在葡萄上最多使用 3 次。本文研究的葡萄均为晚中熟品种或晚熟品种,果实发育期在 90 天以上。因此,用公式(4.3.6)算得,各农药的使用频率均大于 2.5%,小于 20%,根据表 4.3.1 确定农药使用频率得分(D)为 1。虽然中国不同人群之间水果消费存在差异,但并无可资判定存在高暴露人群的相关数据,因此根据表 4.3.1 确定高暴露人群得分(E)为 3。将 7 种农药的残留风险得分列于表 4.3.4。从表 4.3.4 可见,根据各农药的残留风险得分高低,可将 7 种农药分为 3 类,第 1 类为高风险农药,共有 0 种,风险得分均≥20;第 2 类为中风险农药,共有 4 种,风险得分均为 15～20;第 3 类为低风险农药,共有 3 种,风险得分均<15。

用公式(4.3.8)计算出 169 批次葡萄样品各自的农药残留风险指数(RI)。以 5 为 RI 级差,可将 169 批次葡萄样品分为 4 类。第 1 类为高风险样品,RI≥15,共有 0 批次样品,占 0.00%;第 2 类为中风险样品,RI 为 10—15 的,共有 1 批次样品,占 0.59%;第 3 类为低风险样品,5<RI≤10,共有 7 批次样品,占 4.14%;第 4 类为极低风险样品,RI≤5,共有 161 批次样品,占 95.27%。这表明,中国葡萄农药残留风险水平以中、低和极低为主,占 100%。在农药残留风险为高或中的 15 批次样品中,1 批次样品高毒农药氧乐果超标;其余 14 批次样品均为农药多残留样品,检出的农药均在 4 种以上,最多为 8 种。

表 4.3.4　葡萄中 7 种农药的残留风险得分

农药名称	毒性	毒效 (mg/kg bw)	膳食比例 (%)	使用 频率	高暴露 人群	在所有样品 中的平均分
敌敌畏	2	1	1	1	3	18.02
乙酰甲胺磷	2	0	1	1	3	12.01
百菌清	2	0	1	1	3	12.14
氯氟氰菊酯	3	0	1	1	3	18.18
氯氰菊酯	3	0	1	1	3	18.18
氰戊菊酯	3	0	1	1	3	18.05
腐霉利	2	0	1	1	3	12.22

2.4　现有农药最大残留限量的适用性

在检出的 7 种农药中,除氯氟氰菊酯外,均制定了葡萄中最大残留限量[11],葡萄中 7 种农药的最大残留限量估计值见表 4.3.5。从表 4.3.5 可见,除氯氟氰菊酯外,敌敌畏、乙酰甲胺磷、百菌清、氯氰菊酯、氰戊菊酯、腐霉利最大残留限量均比 eMRL 低 50% 以上,可见这些农药的最大残留限量要求均过严。按照最大残留限量可比 eMRL 略低或略高的原则,建议敌敌畏、乙酰甲胺磷、百菌清、氯氟氰菊酯、氯氰菊酯、氰戊菊酯、腐霉利的最大残留限量(单位为 mg/kg)分别设为 0.5,3.5,2.5,2.5,2.5,2.5,11。从表 4.3.5 可见,除氰戊菊酯外,其余 6 种农药的 99.5 百分位点残留值[4,5]均显著低于国家最新的最大残留限量或最大残留限量建议值,表明这些最大残留限量和最大残留限量建议值能有效保护消费者的健康。

表 4.3.5　葡萄中 7 种农药的最大残留限量估计值和最大残留限量建议值

农药	敌敌畏	乙酰甲胺磷	百菌清	氯氟氰菊酯	氯氰菊酯	氰戊菊酯	腐霉利
ADI(mg/kg bw)	0.004	0.03	0.02	0.02	0.02	0.02	0.1
eMRL(mg/kg)	0.4208	3.1562	2.1042	2.1042	2.1042	2.1042	10.5208
MRL(mg/kg)	0.2*	0.5*	0.5	无	0.2	0.2*	5
RMRL(mg/kg)	0.5	3.5	2.5	2.5	2.5	2.5	11
P99.5(mg/kg)	0.0116	0.0318	0.1128	0.0706	0.0460	0.8091	0.3407

3　讨论

3.1　慈溪市葡萄农药残留风险

从近 6 年的监测结果来看,6 年来共有 42 批次样品不同程度地有农药残留检出,仅有 1 批次葡萄样品农药残留超标,样品农药检出率为 24.85%,超标率为 0.59%。现在葡萄种植多采用塑料大棚等设施栽培方式,有效减少了病虫害的发生。但是,塑料大棚高温高湿的环境,也直接导致了菌类病害的发生,不可避免地要使用一定数量的杀菌剂。从我们监测的结果来看,杀菌类的农药如腐霉利使用频率明显较高,达到了 28.36%。国家在 2014 年 8 月 1 日实施的 GB 2763—2014 中明确规定,作为皮可食的小型攀缘类水果必须进行全果检测,而之前只对水果的可食部分进行检测。我们在以往的检测中发现,水果不同组织中农药残留的分布明显不同,如对梨不同组织的农药残留检测发现农药残留在表皮,而在果肉中没有[25]。相关领域的研究也表明非内吸性农药,其残留主要在表皮。对全果的检测使水果中农药残留检出率明显提高,我们在开展这个实验时也对葡萄全果进行了检测。尽管如此,从葡萄农药残留慢性膳食摄入风险和急性膳食摄入风险评价结果来看,风险均很低。

3.2 水果农药残留风险评估方法的演进

近几年,水果农药残留风险评估获得了飞速发展。国内从一开始仅对农药残留水平进行简单的分析,到后来使用食品安全指数法和安全系数法对水果农药残留进行风险评估。我国农药风险评估的原理和方法还处于探索阶段[26]。在 2012 年后,张志恒等从国外引入了膳食摄入风险评估的方法,成功对不同水果蔬菜中单一农药氯吡脲残留进行了膳食摄入风险评估,在 2014 年,聂继云利用慢性和急性膳食摄入风险评价指标对单一的水果品种苹果进行了评价,均取得了很好的效果,为国内农药残留风险评价相关领域的研究奠定了很好的基础。目前,利用膳食摄入风险评估指标对水果进行评价的尚不多。

3.3 影响农药残留风险评估方法的不确定性因素

农药残留风险评估方法正在不断完善中,在评价过程中还有一些不确定性因素影响着评价结果。如由于储藏条件和水平的提高,不少水果实现了可全年销售,延长了集中消费天数,降低了风险。开展农药风险评估需要大量的基础数据,但目前的基础数据严重不足[26],如居民日均消费量的估算,还是通过文献的资料统计得到的,而不是通过大数据分析得到的,而对于体重,不同个体差异较大,现一般使用 $60kg$[4,17,27]。

4 结论

慈溪市葡萄农药残留检出率相对较高,为 24.85%,超标率为 0.59%。通过分析表明,慈溪市葡萄农药残留慢性膳食摄入风险较低,各农药的慢性膳食摄入风险值均小于 2.00％,远远小于 100％。慈溪市葡萄农药残留急性膳食摄入风险小于 29％,远小于 100％。各农药的最高残留量均远小于安全界限。

根据最大残留限量估计值,我国现行的葡萄中敌敌畏、乙酰甲胺磷、百菌清、氯氟氰菊酯、氯氰菊酯、氰戊菊酯、腐霉利的最大残留限量均过严,建议敌敌畏、乙酰甲胺磷、百菌清、氯氟氰菊酯、氯氰菊酯、氰戊菊酯、腐霉利的最大残留限量(单位为 mg/kg)分别设为 0.5,3.5,2.5,2.5,2.5,2.5,11。

参 考 文 献

[1] 房聪玲,王立如,周和锋,等. 慈溪市葡萄产业发展探讨[J]. 现代农业科技,2013(20): 311－312,327.

[2] European Food Safety Authority. Scientific report of EFSA: The 2010 European Union report on pesticide residues in food[J]. EFSA Journal,2013,11(3): 3130.

[3] European Food Safety Authority. Reasoned opinion: Review of the existing maximum residue levels (MRLs) for diphenylamine according to Article 12 of Regulation (EC) No 396/20051[J]. EFSA Journal, 2011, 9(8): 2336.

[4] 聂继云,李志霞,刘传德,等. 苹果农药残留风险评估[J]. 中国农业科学,2014,47(18): 3655－3667.

[5] 张志恒,汤涛,徐浩,等. 果蔬中氯吡脲残留的膳食摄入风险评估[J]. 中国农业科学,2012,45(10): 1982－1991.

[6] 王冬群,胡寅侠,华晓霞. 设施葡萄农药残留风险评估[J]. 食品安全质量检测学报,2014,5(11): 3751－3757.

[7] 强承魁,凤舞剑,胡长效,等. 徐州市葡萄主产区表层土壤和葡萄中农药残留特征与评价[J]. 浙江农业学报,2013,25(2): 293－297.

[8] 邵欢欢,杜敏杰,王文君朱,等. 葡萄农残检测技术研究进展[J]. 农民致富之友,

2013(7)：82 – 83.

[9] 秦曙,乔雄梧,王霞,等. 应用 GC – MS 测定葡萄中的 5 种农药残留[J]. 分析测试学报(增刊),2004,23(9)：242 – 243,248.

[10] NY/T 761—2008 蔬菜和水果中有机磷、有机氯、拟除虫菊酯和氨基甲酸酯类农药多残留的测定[S].

[11] GB 2763—2014 食品安全国家标准　食品中农药最大残留限量[S].

[12] 赵敏娴,王灿楠,李亭亭,等. 江苏居民有机磷农药膳食累积暴露急性风险评估[J]. 卫生研究,2013,42(5)：844 – 848.

[13] 赵玉山. 我国葡萄产业现状、影响因素及发展建议[J]. 果农之友,2014(11)：3 – 4,27.

[14] 张平,王莉,朱志强,等. 鲜食葡萄贮运保鲜技术与现代低温物流技术体系[J]. 保鲜与加工,2011,11(6)：1 – 5.

[15] 秦丹,石雪晖,胡亚平,等. 葡萄采后贮藏保鲜研究进展[J]. 保鲜与加工,2006,6(1)：9 – 12.

[16] 施南芳,楼宇涛,吾建祥. 不同品种葡萄贮藏特性研究[J]. 农技服务,2014,31(2)：118,119.

[17] Food and Agriculture Organization of the United Nations (FAO). Submission and evaluation of pesticide residues data for estimation of maximum residue levels in food and feed (FAO plant production and protection paper 197). Rome：FAO，2009 (Second edition)

[18] WHO(World Health Organization). A template for the automatic calculation of the IESTI [EB/OL]. http：//www. who. int/ foodsafety/chem/IESTI_ calculation_13c. xlt.

[19] 高仁君,陈隆智,张文吉. 农药残留急性膳食风险评估研究进展[J]. 食品科学,2007, 28(2)：363 – 368.

[20] The Veterinary Residues Committee. Annual report on surveillance for veterinary residues in rood in the UK 2010 [EB/OL]. http：//www. vmd. defra. gov. uk/VRC/pdf/ reports/vrcar2010. pdf. 2014 – 1 – 16.

[21] GB 15670—1995 农药登记毒理学试验方法[S].

[22] 药物在线. 化学物质索引数据库[DB/OL]. [2016 - 03 - 03]http：//www. drugfuture. com/chemdatal.

[23] http：//apps. who. int/pesticide-residues-jmpr-database/Home/Range/All.

[24] 金水高. 中国居民营养与健康状况调查报告之十：2002 营养与健康状况数据集 [M]. 北京：人民卫生出版社，2008.

[25] 王冬群. 翠冠梨不同组织中农药残留分布规律[J]. 浙江农业科学,2013(1)：63 - 66.

[26] 魏启文,陶传江,宋稳成,等. 农药风险评估及其现状与对策研究[J]. 农产品质量 与安全,2010(2)：38 - 42.

[27] 柴勇,杨俊英,李燕,等. 基于食品安全指数法评估重庆市蔬菜中农药残留的风 险. 西南农业学报,2010,23(1)：98 - 102.

第5章 慈溪市杨梅质量安全风险评价

第1节 慈溪市地产杨梅农药残留调查

浙江省慈溪市是我国著名的杨梅之乡，全市现有杨梅种植面积4666.67hm²，常年产量2.5万 t，2009 年总产值2.3 亿元[1]。近几年人们对水果中的农药残留情况特别关注，水果中农药残留多少直接影响水果的质量安全水平。因此，了解杨梅中的农药残留现状，保证食用杨梅的安全显得尤为重要。目前，对杨梅这个单一品种进行农药残留分析少见报道。因此，调查和测定杨梅中的农药残留情况，对于了解其健康风险具有重要的现实意义。

本文主要针对慈溪市生产的杨梅进行农药残留定量检测分析，以期掌握慈溪市地产杨梅的质量安全状况，为安全食用杨梅和进一步促进杨梅产业的发展提供科学依据。

1 材料与方法

1.1 调查对象

在 2009—2013 年以慈溪市本地生产的杨梅作为调查分析对象。杨梅来源于慈溪市杨梅基地随机抽样或农林场送样。

1.2　样品分析与测定

参照 NY/T 761—2008[2]规定的方法测定敌敌畏、甲胺磷、乙酰甲胺磷、氧乐果、乐果、甲拌磷、毒死蜱、甲基对硫磷、马拉硫磷、对硫磷、水胺硫磷、磷胺、久效磷、百菌清、三唑酮、联苯菊酯、甲氰菊酯、氯菊酯、氯氟氰菊酯、氯氰菊酯、溴氰菊酯和氰戊菊酯等 22 种农药残留量。其中 2010 年前只检测敌敌畏、甲胺磷、乙酰甲胺磷、氧乐果、乐果、甲拌磷、毒死蜱、甲基对硫磷、马拉硫磷、对硫磷、水胺硫磷、磷胺和久效磷等 13 项。所用仪器为 Agilent 公司 6890N 气相色谱仪和 7890A 气相色谱仪,分别采用火焰光度检测器(FPD)和微电子捕获检测器(μ-ECD)。

2　结果与分析

通过对近 5 年的地产杨梅农药残留检测表明,没有农药残留检出。杨梅的质量安全情况较好。2009—2013 年我们检测的杨梅样品数量稳步增加,也从另一个侧面说明相关部门和农林场对杨梅的质量安全情况更加重视了,详见表 5.1.1。仅在 2013 年的一批次杨梅样品中检出有氰戊菊酯,含量为 0.025mg/kg。对照 GB 2763—2012[3],发现低于杨梅适用限量(热带和亚热带水果小于等于 0.2mg/kg)的要求,为合格。

表 5.1.1　2009—2013 年杨梅农药残留情况　　　(单位:批次)

	2009 年	2010 年	2011 年	2012 年	2013 年	合计
样品数	5	15	22	19	28	89
农药检出数	0	0	0	0	1	1

3　讨论

从近 5 年的杨梅农药残留检测情况来看,仅有 1 批次杨梅样品有农药残留检出,但没有农药残留超标。后来经对检出农药的种植户调查发现,是由于农户使用了打过氰戊菊酯农药的喷雾器对杨梅树喷水,造成了杨梅农药残留。慈溪市本地产杨梅的总体质量安全水平较高,且明显要好于在慈溪市销售的外地杨梅质量[4]。慈溪本地杨梅种植还处在粗放种植管理的阶段。一般在杨梅果实成熟收获前一个月人工去除柴草,初春施肥,冬季修剪枝条,其他时间段较少进行管理。在我们对杨梅种植户的实际调查过程中未发现有农户使用农药,也没有在小溪、水沟等附近发现有使用农药的迹象。

目前有人认为,为确保杨梅质量的绝对安全,杨梅应该采用完全粗放性的种植管理,绝对不能使用农药,要求按 AA 级绿色食品的标准进行生产。但是在杨梅生长过程中也会有不同程度的病虫为害,这是个不容回避的现实。在杨梅枝干和叶片上主要有杨梅疮、杨梅赤衣病、杨梅炭疽病、拟盘多毛孢叶斑病和寄生性藻类等病害[5],杨梅果实在成熟阶段有果蝇为害,如杨梅疏果剂的使用可有效平衡杨梅的大小年,同时可大大减少人工疏果的成本。因此,杨梅在特定情况下也要有药剂的使用,盲目排斥农药的科学合理使用也不利于杨梅产业的进一步健康发展。至于疏果剂等药剂使用的安全性问题应由相关的研究部门来进行科学的风险评价。科学合理使用农药有助于提高杨梅的品质和商品率,减少生产成本,同时也将促进杨梅产业的进一步升级。相关部门要加强引导种植户提高安全用药意识,对病虫害的防治,最好安排在杨梅采收完成后的一段时间里,保证杨梅的质量安全。

参 考 文 献

[1] 柴春燕,徐永江,茅春苗,等.慈溪杨梅冷链物流操作流程[J].中国南方果树,2010,39(5):79.

[2] NY/T 761—2008.蔬菜和水果中有机磷、有机氯、拟除虫菊酯和氨基甲酸酯类农

药多残留的测定[S].

[3] GB 2763—2012 食品安全国家标准　食品中农药最大残留限量[S].

[4] 王冬群,胡寅侠,费维,等. 慈溪市外地杨梅质量安全风险评估[J]. Plant diseases and pests,2014,5(4):31-34.

[5] 郑金土,张同心,王振荣,等. 浙江慈溪杨梅主要病害及防治方法[J]. 果树实用技术与信息,2012(3):32-33.

第 2 节　慈溪市外地杨梅质量安全风险评估

目前,慈溪杨梅主要采取粗放的种植管理方式,且由于在生产过程中病虫害发生较少,很少用药。慈溪杨梅的良好品质吸引了广大客户前来收购,也吸引了一些外地杨梅在慈溪市销售。但杨梅属于皮可食多汁水果,不容易长期保存,保鲜一直是个制约杨梅销售半径的难题。我们发现极少数不法商贩在流通环节中使用农药以延长杨梅保质期。杨梅作为鲜食水果,农药残留量的多少直接影响杨梅的质量安全水平。因此,调查和测定杨梅中的农药残留,对于了解其健康风险具有重要的现实意义。

目前,对杨梅这个单一品种进行农药残留分析少见报道。本文主要针对在慈溪市销售的外地杨梅进行农药残留定量检测分析并进行风险评估,以期掌握在慈溪市销售的外地杨梅的质量安全状况,为安全食用杨梅提供科学依据。

1　材料与方法

1.1　调查对象

2010—2013 年连续 4 年以在慈溪市销售的外地杨梅作为调查分析对象。样品随机抽样于慈溪市农产品批发市场。

1.2　样品分析与测定

按照 NY/T 761—2008[2]规定的方法测定敌敌畏、甲胺磷、乙酰甲胺磷、氧乐果、三唑磷、甲拌磷、毒死蜱、甲基对硫磷、马拉硫磷、对硫磷、水胺硫磷、磷胺、久效磷、百菌清、三唑酮、联苯菊酯、甲氰菊酯、氟氯氰菊酯、氯氟氰菊酯、氯氰菊酯、溴氰菊酯和氰戊菊酯等 22 种农药残留量。所用仪器为 Agilent 公司 6890N 气相色谱仪和 7890A 气相色谱仪,采用火焰光度检测器(FPD)和微电子捕获检测器(μ-ECD)。测定结果按照 GB 2763—2012[3] 进行判定。

1.3　评价指标

风险系数(R)、食品安全指数(IFS)、平均食品安全指数($\overline{IFS}$)、每日允许摄入量(ADI)的定义和计算公式详见第 1 章第 3 节。

各种农药残留的可接受日摄入量(ADI)具体见表 5.2.1。

表 5.2.1　农药的 ADI 值　　　　　(单位:mg/kg bw)

农药种类	ADI	农药种类	ADI	农药种类	ADI	农药种类	ADI
敌敌畏	0.004	甲基对硫磷	0.003	毒死蜱	0.01	联苯菊酯	0.01
甲胺磷	0.004	杀螟硫磷	0.006	百菌清	0.02	氯氰菊酯	0.02
乙酰甲胺磷	0.03	对硫磷	0.004	三唑酮	0.03	溴氰菊酯	0.01
氧乐果	0.000 3	水胺硫磷	0.003	甲氰菊酯	0.03	氰戊菊酯	0.02
三唑磷	0.001	磷胺	0.000 5	氟氯氰菊酯	0.04		
甲拌磷	0.000 7	久效磷	0.000 6	氯氟氰菊酯	0.02		

2　结果与分析

2.1　不同年份外地杨梅农药残留检出数与超标数

从表 5.2.2 可知,4 年来检测了 63 批次杨梅样品,共有 35 批次样品 47 项次的农药残留检出,农药检出率为 55.56%。其中 2010 年有 1 批次杨梅样品 2 项次的农药残留检出;2011 年有 14 批次杨梅样品 17 项次的农药残留检出;2012 年有 11 批次杨梅样品 14 项次的农药残留检出;2013 年有 9 批次杨梅样品 14 项次的农药残留检出。除 2012 年外,其他年份都有不同程度的杨梅农药残留超标,4 年来共有 10 批次杨梅样品 10 项次的农药残留超标,超标率为 15.87%。

表 5.2.2　2010—2013 年杨梅抽样数与农药残留情况

年份	抽样数	农残检出样品数 （检出数）	农残超标样品数 （超标数）
2010 年	4	1(2)	1(1)
2011 年	29	14(17)	6(6)
2012 年	18	11(14)	0(0)
2013 年	12	9(14)	3(3)
合计	63	35(47)	10(10)

2.2　不同年份农药检出与超标情况

从不同年份的农药残留检出种类来看,4 年来共有 13 种农药残留检出,样品农药检出率为 54.55%。其中 2010 年有 2 种农药残留检出,其中有机磷农药 1 种 1 项次,菊酯类农药检出 1 种 1 项次;2011 年有 8 种农药残留检出,其中有机磷农药检出 3 种 7 项次,杀菌剂农药检出 2 种 3 项次,菊酯类农药检出 3 种 7 项次;2012 年有 5 种农药残留检出,没有有机磷农药检出,杀菌剂农药检出 1 种 1 项次,菊酯类农药检出 4 种 13 项次;2013年有 9 种农药残留检出,其中有机磷农药检出 3 种 3 项次,杀菌剂农药检出 1 种 1 项次,菊酯类农药检出 5 种 10 项次,详见表 5.2.3 和表 5.2.4。

从超标的农药种类来看,4 年来共有 3 种农药 10 项次的农药残留超标,其中水胺硫磷超标 6 次,三唑磷和氧乐果各超标 2 次。可见超标的都是有机磷农药。

表 5.2.3　杨梅中有机磷农药检出和超标的次数　　　　（单位：次）

年份	敌敌畏	甲胺磷	乙酰甲胺磷	氧乐果	甲拌磷	毒死蜱	甲基对硫磷	马拉硫磷	对硫磷	水胺硫磷	三唑磷	磷胺	久效磷
2010	0	0	0	0	0	0	0	0	0	1	0	0	0
2011	0	0	0	1	0	0	0	0	0	4	2	0	0
2012	0	0	0	0	0	0	0	0	0	0	0	0	0
2013	0	0	0	1	0	1	0	0	0	1	0	0	0
合计	0	0	0	2	0	1	0	0	0	6	2	0	0
超标	0	0	0	2	0	0	0	0	0	6	2	0	0

表 5.2.4　杨梅中杀菌剂和拟除虫菊酯类农药检出和超标的次数

（单位：次）

年份	百菌清	三唑酮	联苯菊酯	甲氰菊酯	氯氟氰菊酯	氟氯氰菊酯	氯氰菊酯	氰戊菊酯	溴氰菊酯
2010 年	0	0	0	0	0	0	1	0	0
2011 年	2	1	0	0	3	0	3	1	0
2012 年	1	0	1	0	4	1	7	0	0
2013 年	1	0	1	1	3	0	4	1	0
合计	4	1	2	1	10	1	15	2	0
超标	0	0	0	0	0	0	0	0	0

2.3　不同年份检出的农药与残留量

从检出的农药与残留量来看，不同年份差异较大，从表 5.2.3、表 5.2.4 和表 5.2.5 中可知，4 年来氧乐果检出 2 次，残留量为 0.026～0.064mg/kg，残留的平均值为 0.045mg/kg；水胺硫磷检出 6 次，残留量为 0.011～0.12mg/kg，残留的平均值为 0.039mg/kg；三唑磷检出 2 次，残留量为 0.0060～0.0061mg/kg，残留的平均值为 0.061mg/kg；百菌清检出 4 次，残留量为 0.016～0.13mg/kg，残留的平均值为 0.047mg/kg；三唑酮检出 1 次，残留量为 0.0068mg/kg；联苯菊酯检出 2 次，残留量为 0.016～0.19mg/kg，残留的平均值为 0.10mg/kg；氯氟氰菊酯检出 10 次，残留量为 0.0060～0.84mg/kg，残留的平均值为 0.12mg/kg；氯氰菊酯检出 15 次，残留量为 0.0086～0.34mg/kg，残留的平均值为 0.076mg/kg；氰戊菊酯检出 2 次，残留量为 0.28～0.37mg/kg，残留的平均值为 0.33mg/kg。毒死蜱检出 1 次，残留量在 0.036mg/kg；甲氰菊酯检出 1 次，残留量为 0.045mg/kg。可见，4 年来，氯氰菊酯检出的次数最多，其次为氯氟氰菊酯，且各种检出的农药残留量普遍较小。

表 5.2.5 杨梅中农药污染 （单位：mg/kg）

农药名称	2010 年	2011 年	2012 年	2013 年
氧乐果	ND	0.064	ND	0.026
水胺硫磷	0.035	0.011～0.12	ˋND	0.024
三唑磷	ND	0.0060～0.0061	ND	ND
百菌清	ND	0.016～0.13	0.020	0.021
三唑酮	ND	0.0068	ND	ND
联苯菊酯	ND	ND	0.19	0.016
氯氟氰菊酯	ND	0.0060～0.0061	0.014～0.84	0.043～0.078
氟氯氰菊酯	ND	ND	0.13	ND
氯氰菊酯	0.13	ND	0.0086～0.18	0.038～0.34
氰戊菊酯	ND	0.28	ND	0.37
毒死蜱	ND	ND	ND	0.036
甲氰菊酯	ND	ND	ND	0.045

注：ND 为未检出

2.4 杨梅农药残留安全指数评价

由于本研究中敌敌畏、甲胺磷、乙酰甲胺磷、甲拌磷、甲基对硫磷、马拉硫磷、对硫磷、磷胺、久效磷和溴氰菊酯等 10 种农药没有残留情况，所以未计算其安全指数。根据公式仅计算有残留检出的 12 种农药的 IFS_c 值和 $\overline{IFS}$ 值。经计算可见，2010—2013 年 $\overline{IFS}$ 值分别为 0.0020，0.032，0.0082，0.016，均小于 1，可见各年杨梅均处于安全状态。

从表 5.2.6 可以看出，近 4 年中，其余各种农药在各年的 IFS 值都小于 1，说明我们所监测的 22 种农药在该时间段对水果安全没有明显影响，可见这 22 种农药都不是影响慈溪市水果质量安全的主要因素。

表 5.2.6　杨梅中主要农药残留安全指数

年份	$\overline{IFS_c}$											
	氧乐果	水胺硫磷	三唑磷	百菌清	三唑酮	联苯菊酯	氯氟氰菊酯	氟氯氰菊酯	氯氰菊酯	氰戊菊酯	毒死蜱	甲氰菊酯
2010	0	0.029	0	0	0	0	0		0.016	0	0	0
2011	0.53	0.10	0.015	0.016	0.00056	0	0.00076	0	0	0.035	0	0
2012	0	0	0	0.0025	0	0.047	0.10	0.0080	0.022	0	0	0
2013	0.22	0.020	0	0.0026	0	0.0040	0.0097	0	0.042	0.046	0.0090	0.0037

2.5　杨梅农药残留的风险系数评价

本研究采用短期风险系数进行分析。设定本研究中 $a=100, b=0.1$，由于本文的数据来源于正常施检，所以 $S=1$，此时计算的结果，若 $R<1.5$，该危害物低度风险；若 $1.5 \leqslant R < 2.5$，该危害物中度风险；若 $R \geqslant 2.5$，该危害物高度风险。

因为本研究中除氧乐果、水胺硫磷、三唑磷、百菌清、三唑酮、联苯菊酯、氯氟氰菊酯、氟氯氰菊酯、氯氰菊酯、氰戊菊酯、毒死蜱和甲氰菊酯外，其余农药没有农药残留检出，因此，只计算有残留检出的 12 种农药的风险系数。由于氧乐果、水胺硫磷、三唑磷的超标率分别为 3.17％，9.52％，3.17％，经过计算可知风险系数分别为 4.27，10.62，4.27，均高于 2.5，为高度风险；其余 9 种有检出的农药样本超标率为 0，经过计算可知风险系数均为 1.1，小于 1.5，为低度风险。

表 5.2.7　杨梅中主要农药残留的风险系数

	氧乐果	水胺硫磷	三唑磷	百菌清	三唑酮	联苯菊酯	氯氟氰菊酯	氟氯氰菊酯	氯氰菊酯	氰戊菊酯	毒死蜱	甲氰菊酯
超标率(％)	3.17	9.52	3.17	0	0	0	0	0	0	0	0	0
风险系数	4.27	10.62	4.27	1.1	1.1	1.1	1.1	1.1	1.1	1.1	1.1	1.1

2.6　相关标准对杨梅中农药残留的限量要求

对照相关标准,有残留检出的 12 种农药,在《GB 2763—2012 食品中农药最大残留限量》中仅有 3 种农药有限量标准,在《NY/T 750—2011 绿色食品　热带亚热带水果》中有 5 种农药有限量标准,而在《GB 18406.2—2001 农产品安全质量　无公害水果安全要求》中有 6 种农药有明确的限量标准。可见各主要标准对杨梅中的农药残留规定都不同程度地存在着不够完善的地方。

表 5.2.8　相关标准对 12 种农药残留的限量要求　（单位：mg/kg）

农药名称	GB 2763—2012 食品中农药最大残留限量[2]	NY/T 750—2011 绿色食品　热带亚热带水果[4]	GB 18406.2—2001 农产品安全质量　无公害水果安全要求[5]
氧乐果	热带和亚热带水果≤0.02	无	不得检出
水胺硫磷	无	无	≤0.02
三唑磷	无	无	无
百菌清	无	≤1	≤1.0
三唑酮	无	无	无
联苯菊酯	无	无	无
氯氟氰菊酯	无	≤0.2	≤0.2
氟氯氰菊酯	无	无	无
氯氰菊酯	无	≤2	≤2.0
氰戊菊酯	热带和亚热带水果≤0.2	≤0.2	≤0.2
毒死蜱	无	≤1	无
甲氰菊酯	热带和亚热带水果≤5	无	无

3　讨论

从近 4 年的定量检测情况来看,在杨梅中拟除虫菊酯类、有机磷农药和杀菌剂都有不同程度的检出。从杨梅农药污染情况来看,主要有 12 种农药,且杨梅的农药检出率较高,超标率和样品农药检出率都较高,不合格的样品主要是由于检出了高毒农药氧乐果和水胺硫磷。但从安全指数来看,22 种农药残留对杨梅安全影响的风险和安全状态均在可接受范围内。从风险系数来看,氧乐果、水胺硫磷和三唑磷为高度风险状态,其余 19 种农药皆处于低度风险状态。但目前利用安全指数来进行风险评估尚在起步阶段,缺少一些基础的、权威的调查数据,特别是杨梅这单一食品品种的单人日均消费量缺失给风险评估的结果的有效性带来了一定的不确定性。

对照国家的相关标准,一些农药在杨梅上没有相关的明确的限量标准。相关标准对杨梅中农药限量要求少也是部分人敢于滥用农药的一个重要原因。要进一步对相关标准进行完善,使样品中有农药残留检出时有相关标准可以依照。尤其是在当前按照标准进行生产越来越深入人心的时候,标准制定必须先行,对合格的产品标准做出明确规范的规定,为农产品的安全生产指明方向。

从我们对在慈溪销售杨梅来源的调查结果来看,在慈溪销售的外地杨梅主要来自南方的一些省市。2010—2013 年外地杨梅主要来自福建与云南。南方省市的杨梅成熟期比慈溪本地杨梅要早 1～3 个星期,提前进入慈溪在市场进行销售,满足了部分人尝鲜的心理需求。同时由于外地杨梅来慈,路途遥远,杨梅属于比较娇贵的水果,保质期短,在不冷藏的情况下,保质期一般不超过 3 天,要保持杨梅原有的品质相当困难。极少数不良商贩为了杨梅运输过程中的保鲜,不合理地使用了一定数量的药剂。最终出现杨梅中农药检出率高的现象。要从根本上解决杨梅流通环节的农药使用问题。首先要解决杨梅的保鲜问题。杨梅的保鲜问题解决了,才不会有不良商贩的违规使用农药。

参 考 文 献

[1] 柴春燕,徐永江,茅春苗,等.慈溪杨梅冷链物流操作流程.中国南方果树,2010,
    39(5): 79.

[2] NY/T 761—2008 蔬菜和水果中有机磷、有机氯、拟除虫菊酯和氨基甲酸酯类农
    药多残留的测定[S].

[3] GB 2763—2012.食品安全国家标准 食品中农药最大残留限量[S].

[4] NY/T 750—2011 绿色食品 热带亚热带水果[S].

[5] GB 18406.2—2001 农产品安全质量 无公害水果安全要求[S].

第6章 慈溪市桃子柑橘等
其他水果质量安全风险评价

第1节 2009—2013年慈溪市桃子农药残留分析

慈溪市位于浙江省东北部、杭州湾南岸，地处亚热带，依山靠海，独特的地理位置和气候条件适合桃子的种植，该市名为古窑浦的地方出产的桃子品质尤为出众。早在明成化年间已有桃子的种植[1]。目前以种植水蜜桃为主，出产的桃子汁多味甜，品质优良，深受人们喜爱。特别是近10年来，随着桃子品种的改良和种植技术的成熟，桃子品质越来越好，种植桃子的经济效益明显提升。慈溪市桃子种植户越来越多，面积越来越大。桃子的种植带动了大量群众致富。但在桃子成熟过程中不可避免地要使用一些农药用于防治病虫害，这引起了部分消费者的顾虑，担心桃子的食用安全问题。桃子中农药残留多少不仅影响桃子的质量安全水平，而且也是制约桃子可持续安全生产的主要因素之一。因此，开展桃子农药残留的暴露风险评估和预警风险评估，对于保证桃子的食用安全和指导桃子种植户科学合理使用农药都具有重要意义。

近5年来，我们利用气相色谱仪对慈溪市生产的桃子进行农药残留定量分析，并进行暴露风险评估和预警风险评估，拟通过了解桃子质量安全风险现状和特点，为未来一段时间桃子质量安全趋势预测和组织科学生产提供可靠依据。

1 材料与方法

1.1 调查对象

在 2009—2013 年以慈溪市种植的桃子作为调查分析对象。在桃子生产成熟季节对桃子随机抽样,并进行了 22 种农药残留的定量检测分析,5 年来共检测桃子样品 27 批次。

1.2 样品分析与测定

按照 NY/T 761—2008[2]规定的方法测定敌敌畏、甲胺磷、甲氰菊酯、氟氯氰菊酯、氯氟氰菊酯、氯氰菊酯、乙酰甲胺磷、氧乐果、百菌清、三唑酮、联苯菊酯、三唑磷、甲拌磷、毒死蜱、甲基对硫磷、马拉硫磷、对硫磷、水胺硫磷、磷胺、久效磷、溴氰菊酯和氰戊菊酯等 22 种农药残留量。其中 2009—2011 年仅检测敌敌畏、甲胺磷、对硫磷、水胺硫磷、乙酰甲胺磷、氧乐果、毒死蜱、三唑磷、甲拌磷、甲基对硫磷、马拉硫磷、磷胺和久效磷等 13 种有机磷农药。所用仪器为 Agilent 公司 6890N 气相色谱仪配 7683 自动进样器,Agilent 公司 7890A 气相色谱仪配 7693A 自动进样器,采用火焰光度检测器(FPD)和微电子捕获检测器(μ-ECD)。测定结果按照 GB 2763—2012[3]进行判定。

1.3 评价指标

风险系数(R)、食品安全指数(IFS)、平均食品安全指数($\overline{\text{IFS}}$)、每日允许摄入量(ADI)的定义和计算公式详见第 1 章第 3 节。

各种农药残留的可接受日摄入量(ADI)具体见表 6.1.1。

表 6.1.1　农药的 ADI 值　　　　　　　（单位：mg/kg）

农药名称	ADI	农药名称	ADI	农药名称	ADI	农药名称	ADI
氟氯氰菊酯	0.04	久效磷	0.000 6	毒死蜱	0.01	甲氰菊酯	0.03
甲胺磷	0.004	溴氰菊酯	0.01	百菌清	0.02	甲基对硫磷	0.003
氯氰菊酯	0.02	敌敌畏	0.004	甲拌磷	0.000 7	乙酰甲胺磷	0.03
氧乐果	0.000 3	水胺硫磷	0.003	杀螟硫磷	0.006	氰戊菊酯	0.02
三唑酮	0.03	氯氟氰菊酯	0.02	三唑磷	0.001		
磷胺	0.000 5	对硫磷	0.004	联苯菊酯	0.01		

2　结果与分析

2.1　桃子的农药污染

从表 6.1.2 可见,除 2011 年桃子样品没有农药残留检出外,其余年份都有农药残留检出,但没有农药残留超标。2009—2013 年的 5 年里,共有 6 个样品 8 项次的农药残留检出,检出率为 22.22%。

表 6.1.2　2009—2013 年桃子抽样数与农药残留情况

年份	检测数(份)	批次数 样品(检出次数)	检出率(%)	超标率(%)
2009	3	1(1)	33.33	0
2010	8	2(2)	25.00	0
2011	7	0(0)	0.00	0
2012	6	1(3)	16.67	0
2013	3	2(2)	66.67	0
合计	27	6(8)	22.22	0

从不同月份来看,慈溪生产的桃子主要在 7 月、8 月成熟,只有一批次样品在 6 月份。除 6 月份没有农药残留检出外,7 月、8 月都各有 3 批次样品有农药残留检出,检出率分别为 20.00%,27.27%,见表 6.1.3。

表 6.1.3 2009—2013 年不同月份桃子农药残留情况

| 月份 | 年份 | | | | | 检测 | 批次数 | 检出率(%) |
	2009	2010	2011	2012	2013	数(份)	样品(检出次数)	
6 月	0	0	0	0	0	1	0(0)	0.00
7 月	0	1	0	1	1	15	3(5)	20.00
8 月	1	1	0	0	1	11	3(3)	27.27
合计	1	2	0	1	2	27	6(8)	22.22

从桃子中检出的农药品种来看主要是有机磷农药和拟除虫菊酯类农药,各有 2 种,没有杀菌类农药的检出。从农药的检出次数来看,敌敌畏检出了 1 次,含量为 0.034mg/kg,毒死蜱检出了 3 次,含量为 0.031~0.12mg/kg,氯氟氰菊酯检出了 1 次,含量为 0.038mg/kg,氯氰菊酯检出了 3 次,含量为 0.011~0.040mg/kg,可见含量都比较低,见表 6.1.4。

表 6.1.4 桃子中农药污染　　　　　　　　(单位：mg/kg)

年份	敌敌畏	毒死蜱	氯氟氰菊酯	氯氰菊酯
2009	未检出	0.12	—	—
2010	0.034	0.047	—	—
2011	未检出	未检出	—	—
2012	未检出	0.031	0.038	0.040
2013	未检出	未检出	未检出	0.011~0.024
范围	0.034	0.031~0.12	0.038	0.011~0.040

注：ND 为未检出；—为该年度没有检测

2.2 桃子农药残留暴露风险评估

由于本试验中甲胺磷、三唑酮、联苯菊酯、甲氰菊酯、乙酰甲胺磷、氧乐果、三唑磷、甲拌磷、甲基对硫磷、溴氰菊酯、马拉硫磷、对硫磷、水胺硫磷、磷胺、久效磷、百菌清、氟氯氰菊酯和氰戊菊酯等 18 种农药没有残留情况,所以未计算其安全指数。根据公式仅计算有残留检出的 4 种农药的 IFS$_C$

值和 $\overline{\text{IFS}}$ 值。

从表 6.1.5 可以看出,5 年来检测的各种农药 IFS 都小于 1,说明我们所监测的这几种农药在该时间段对桃子安全没有明显影响,其安全状态均在可接受的范围之内,可见这 22 种农药都不是影响慈溪市桃子质量安全的主要因素。

表 6.1.5　桃子中主要农药残留安全指数

IFS_C				$\overline{\text{IFS}}$
敌敌畏	毒死蜱	氯氟氰菊酯	氯氰菊酯	
0.021	0.030	0.0047	0.0020	0.0026

2.3　桃子农药残留预警风险评估

本研究采用长期风险系数进行分析。设定本次调查 $a=100, b=0.1$,由于本次调查的数据来源于正常施检,所以 $S=1$,此时计算的结果,若 $R<1.5$,则该危害物低度风险;若 $1.5 \leqslant R<2.5$,则该危害物中度风险;若 $R \geqslant 2.5$,则该危害物高度风险。

因为本实验中除敌敌畏、毒死蜱、氯氟氰菊酯和氯氰菊酯外,其余农药均没有残留检出,所以只计算有残留检出的 4 种农药的风险系数。4 种农药的样本超标率为 0,经过计算可知,4 种农药风险系数在 1.1~1.33,均小于 1.5,为低度风险,见 6.1.6。

表 6.1.6　桃子中主要农药残留的风险系数

农药名称	样品数	检验次数	施检频率	超标率(%)	风险系数
敌敌畏	27	27	1	0	1.10
毒死蜱	27	27	1	0	1.10
氯氟氰菊酯	27	9	0.33	0	1.30
氯氰菊酯	27	9	0.33	0	1.30

2.4 相关标准对桃子 4 种农药的限量要求

目前,常用的标准有《GB 2763—2012 食品中农药最大残留限量》[3]、《NY/T 844—2010 绿色食品　温带水果》[4] 和《GB 18406.2—2001 农产品安全质量　无公害水果安全要求》[5],对照标准,发现有农残检出的 4 种农药在 5 年中均没有超出三个常用标准的限量要求,检测的样品都为合格,详见表 6.1.7。从这些标准对我们检出的 4 种农药的限量要求来看,GB 2763—2012 对 2 种农药进行了限量要求,而 GB 18406.2—2001、NY/T 844—2010 分别仅对我们检出的 3 种和 1 种农药有明确规定,可见作为优质农产品的绿色食品标准在这 4 种农药残留限量要求方面要明显落后于无公害等其他 2 个标准。

表 6.1.7　相关标准对 4 种农药的限量要求　　（单位：mg/kg）

	GB 2763—2012 食品中农药最大残留限量[3]	NY/T 844—2010 绿色食品　温带水果[4]	GB 18406.2—2001 农产品安全质量　无公害水果安全要求[5]
敌敌畏	≤0.1	≤0.2	≤0.2
毒死蜱	无	无	无
氯氟氰菊酯	无	无	≤0.2
氯氰菊酯	≤1	无	≤2.0

3　讨论

从 2009—2013 年对桃子 22 种农药残留定量检测的结果来看,在桃子中拟除虫菊酯类和有机磷农药都有不同程度的使用,没有杀菌类农药的使用。从农药残留检出的情况看,敌敌畏、毒死蜱、氯氟氰菊酯和氯氰菊酯等 4 种农药残留有不同程度的检出,但检出农药的残留量都较低,都没有超出国家的相关标准,样品合格率为 100.00%。我们通过长期定量检测发现,慈溪市的桃子种植户科学使用农药的意识明显增强,较好掌握了农药使用的安全间隔期。在目前还不能完全做到在桃子种植过程中不使用农药的情况下,做到农药的安全使用间隔期显得尤为重要。同时,对近 5 年的跟踪检测分析发现,除 2011 年没有检出农药残留外,其余 4 年均有样品农药残留检出,但样品中农药残留含量较低。从农药检出的月份来看,有农药检出的时间段主要是在 7 月、8 月,提示我们要重视 7 月份和 8 月份桃子刚开始上市时的质量管理问题。林业技术推广部门要进一步加强在桃子种植过程中科学合理用药的宣传工作,使种植户科学合理用药的意识得到进一步的增强。

从桃子农药残留暴露风险评估指标安全指数评价结果来看,22 种农药在我们调查分析的时间段内对桃子安全没有明显影响,其安全状态均在可接受的范围之内,可见这 22 种农药都不是影响慈溪市桃子质量安全的主要因素。从预警风险评估指标风险系数分析结果来看,22 种农药均为低度风险,也进一步确定慈溪桃子在农药残留方面是安全的,是可以放心食用的。但目前利用安全指数和风险系数来进行风险评估刚刚开始,一些基础的权威调查数据缺少,特别是单一桃子品种的单人日均消费量的缺失给桃子风险评估结果的有效性带来了一定的不确定性。

由于我国地域辽阔,仅桃子同一水果品种在从南到北、从西到东等不同地区都有种植,桃子在各地病虫害发生情况也不一样,各种植户的农药使用习惯差异也很大,造成在标准制定时很难对所有在使用的农药进行全覆盖。对照国家的相关现行有效标准,我们发现一部分常用农药在桃子上没有相关的残留限量标准,这已不能适应相关要求。因此,根据农药的实际使用情况不定期更新相关标准势在必行,这就要求相关的标准制定者在以后的标准修订过程中进一步完善。

参 考 文 献

[1] 浙江省慈溪市农林局. 慈溪农业志[M]. 上海:上海科学技术出版社,1991:296.

[2] NY/T 761—2008 蔬菜和水果中有机磷、有机氯、拟除虫菊酯和氨基甲酸酯类农药多残留的测定[S].

[3] GB 2763—2012 食品安全国家标准　食品中农药最大残留限量[S].

[4] NY/T 844—2010 绿色食品　温带水果[S].

[5] GB 18406.2—2001 农产品安全质量　无公害水果安全要求[S].

第 2 节　散户种植的水蜜桃农药残留膳食摄入风险评估

慈溪市是浙江省水蜜桃主产区之一,2014 年慈溪全市水蜜桃种植面积达 800hm²,产量 1.3 万 t[1],而掌起镇古窑浦村种植的水蜜桃尤为出名。2015 年 7 月中旬受台风"灿鸿"的影响,水蜜桃落果严重,各种病害也随之发生,造成烂果严重。不少种植户在灾后使用农药对水蜜桃进行了病虫害防治。为了解灾后水蜜桃的农药残留情况,我们对掌起镇古窑浦村散户种植的水蜜桃农药残留情况进行了调查,以期为应对台风灾害天气后水蜜桃的质量安全提供参考,也可为农业技术推广部门科学指导水蜜桃安全生产提供依据。

从桃子种植户的情况来看,还是主要以散户种植为主,大规模种植的不多。以前我们也对桃子的农药残留进行了调查,但主要以规模种植户为主,对散户种植的桃子的农药残留情况研究较少。

1　材料与方法

1.1　调查对象

2015 年 7 月 28 日,我们在掌起镇古窑浦村的桃子交易市场,对散户种植的主要水蜜桃品种"玉露"进行了随机抽样,每批次样品为 10 个水蜜桃。共对 20 个散户种植户进行了抽样,共 20 批次样品。

1.2　样品分析与测定

按照 NY/T 761—2008[2]规定的方法测定敌敌畏、甲胺磷、甲氰菊酯、氟氯氰菊酯、氯氟氰菊酯、氯氰菊酯、乙酰甲胺磷、氧乐果、百菌清、三唑酮、联苯菊酯、三唑磷、甲拌磷、毒死蜱、甲基对硫磷、马拉硫磷、对硫磷、水胺硫磷、磷胺、久效磷、溴氰菊酯、氰戊菊酯、涕灭威亚砜、涕灭威砜、涕灭威、灭多威、3-羟基克百威、克百威、灭虫威、杀线威、残杀威、甲萘威、异丙威和仲丁威等 34 种农药残留量。所用仪器为 Agilent 公司 6890N 气相色谱仪配 7683 自动进样器，Agilent 公司 7890A 气相色谱仪配 7693A 自动进样器，分别采用火焰光度检测器（FPD）和微电子捕获检测器（μ-ECD）；Waters2695 液相色谱仪配紫外检测器（2487）和荧光检测器（2695）。测定结果按照 GB 2763—2014[3] 进行判定。并针对检出的农药（设为 n 种）和全部 20 批次的水蜜桃样品进行农药残留风险评估。对于检出的 n 种农药，当某个样品中的检测值＜LOD（检出限）时，用 1/2LOD 代替[4,5]。

1.3　慢性膳食摄入风险评估

根据中国桃子产量（1172.7×10^4 t）[6]（其中鲜食约占 87%[7]）、出口鲜食桃子量（2.63×10^4 t）[8]、贮藏运输损耗率（8%）[9]和集中消费天数（150 天）[10]，折算出中国居民日均水蜜桃消费量为 0.046kg。用公式（6.2.1）计算各农药的慢性膳食摄入风险（%ADI）[4,11]，%ADI 越小，风险越小，当%ADI≤100% 时，表示风险可以接受；反之，当%ADI＞100% 时，表示有不可接受的风险。

$$\% ADI = \frac{STMR \times 0.046}{b_w \times ADI} \times 100 \tag{6.2.1}$$

式中：STMR 为规范试验残留中值，取平均残留值[4,11]，单位为 mg/kg；0.046 为居民日均桃子消费量，单位为 kg；ADI 为每日允许摄入量[3]，单位为 mg/bw；b_w 为体重，单位为 kg，按 60kg 计[12]。

1.4　急性膳食摄入风险评估

根据世界卫生组织（WHO）数据[13]，由于缺少中国居民桃消费的大份餐数据，参考我国近邻日本居民桃消费的大份餐数据（LP）为 0.3060kg，桃单果重为 0.2550kg,桃子个体之间变异因子(ν)为 3。用公式(6.2.2)计算各农药的估计短期摄入量[4,12]。分别用公式(6.2.3)和(6.2.4)计算各农药的急性膳食摄入风险(％ARfD)和安全界限(SM)[4,11]。％ARfD 越小风险越小,当％ARfD≤100％时,表示风险可以接受;反之,％ARfD＞100％时,表示有不可接受的风险。

$$\text{ESTI} = \frac{U \times \text{HR} \times \nu + (\text{LP} - U) \times \text{HR}}{b_{\text{w}}} \qquad (6.2.2)$$

$$\text{\%ARfD} = \frac{\text{ESTI}}{\text{ARfD}} \times 100 \qquad (6.2.3)$$

式(6.2.2)—(6.2.4)中：ESTI 为估计短期摄入量,单位为 kg;U 为单果重量,单位为 kg;HR 为最高残留量,取 99.9 百分位点值[11,14],单位为 mg/kg;ν 为变异因子;LP 为大份餐,单位为 kg;ARfD 为急性参考剂量,单位为 mg/kg。

1.5　最大残留限量估计值

为保护消费者,理论最大日摄入量[4,11,12]应不大于每日允许摄入量[4,11],据此导出最大残留限量估计值计算公式,即公式(6.2.5)。

$$\text{SM} = \frac{\text{ARfD} \times b_{\text{w}}}{U \times \nu + \text{LP} - U} \qquad (6.2.4)$$

$$\text{eMRL} = \frac{\text{ADI} \times b_{\text{w}}}{F} \qquad (6.2.5)$$

式(6.2.5)中：eMRL 为最大残留限量估计值,单位 mg/kg;F 为水蜜桃日消费量,按照最大风险原则,取大份餐(LP)[4],单位为 kg。

1.6　风险排序

借鉴英国兽药残留委员会兽药残留风险排序矩阵[4,15],用毒性指标代替药性指标。膳食比例(水蜜桃占居民总膳食的百分率)以及农药毒效(即 ADI 值)、使用频率、高暴露人群、残留水平等 5 项指标均采用原赋值标准[15],各指标的赋值标准见表 6.2.1。毒性采用急性经口毒性,根据经口半数致死量(LD_{50})分为剧毒、高毒、中毒和低毒等四类[16],各农药的 LD_{50} 从药物在线网[17]查得。ADI 值从国家标准[3]查得。农药使用频率(FOD)按公式(6.2.6)计算。样品中各农药的残留风险得分(S)用公式(6.2.7)[4]计算。各农药的残留风险得分以该农药在所有样品中的残留风险得分的平均值计,该值越高,残留风险越大。水蜜桃样品的农药残留风险用风险指数排序,该指数越大,风险越大。风险指数(RI)按公式(6.2.8)计算。

$$FOD = T/P \times 100 \qquad (6.2.6)$$

$$S = (A + B) \times (C + D + E + F) \qquad (6.2.7)$$

$$RI = \sum_{i=1}^{n} S - TS_0 \qquad (6.2.8)$$

式(6.2.6)—(6.2.8)中:P 为果实发育日数(水蜜桃从开花到果实成熟所经历的时间,单位为天);T 为果实发育过程中使用该农药的次数;A 为毒性得分;B 为毒效得分;C 为水蜜桃膳食比例得分;D 为农药使用频率得分;E 为高暴露人群得分;F 为残留水平得分;n 为检出的农药,单位为种;TS_0 为 n 种农药均未检出的样品的残留风险得分,用公式(6.2.7)算出 n 种农药各自的残留风险得分后求和得到。

表 6.2.1　水蜜桃农药残留风险排序指标得分赋值标准

指标	指标值	得分	指标值	得分	指标值	得分	指标值	得分
毒性	低毒	2	中毒	3	高毒	4	剧毒	5
毒效 (mg/kg bw)	$>1\times10^{-2}$	0	$1\times10^{-4}\sim$ 1×10^{-2}	1	$1\times10^{-6}\sim$ 1×10^{-4}	2	$<1\times10^{-6}$	3
膳食比例 (%)	<2.5	0	$2.5\sim20$	1	$20\sim50$	2	$50\sim100$	3
使用频率(%)	<2.5	0	$2.5\sim20$	1	$20\sim50$	2	$50\sim100$	3
高暴露人群	无	0	不太可能	1	很可能	2	有或无相 关数据	3
残留水平 (mg/kg)	未检出	1	$<1MRL$	2	$\geqslant1MRL$	3	$\geqslant10MRL$	4

2　结果与分析

2.1　水蜜桃中农药污染分析

通过农药残留定量检测发现,20 批次样品中有 15 批次样品中不同程度地有农药残留检出,1 批次样品同时有 3 种农药残留检出,4 批次样品有 2 种农药残留检出,10 批次样品有 1 种农药残留检出,5 批次样品没有任何农药残留检出。水果中的禁用农药甲胺磷、氧乐果分别在 1 批次样品中有残留检出。样品农药检出率为 75.00%,超标率为 10.00%。

在 20 批次水蜜桃样品中,共有 6 种农药 21 项次的残留检出,详见表 6.2.2。从农药检出种类来看,均为杀虫剂,4 种有机磷农药,2 种拟除虫菊酯类农药;没有杀菌类或氨基甲酸酯类农药检出。从农药检出次数来看,氯氰菊酯检出次数最多,在 14 批次样品中有残留检出,残留检出量在 0.019~0.92mg/kg,氯氰菊酯残留的平均值为 0.12mg/kg;其次为毒死蜱,在 3 批次样品中有残留检出,残留检出量为 0.048~0.24mg/kg,毒死蜱残留的平均值为 0.17mg/kg。甲胺磷、乙酰甲胺磷、氧乐果、甲氰菊酯等 4 种农药均仅在 1 批次样品中有残留检出。可见氯氰菊酯在水蜜桃中的使用比较普遍,但其残留量普遍比较低。详见表 6.2.3。

表 6.2.2　有残留检出的 6 种农药　　　　　　(单位：mg/kg)

序号	毒死蜱	甲胺磷	乙酰甲胺磷	氧乐果	氯氰菊酯	甲氰菊酯
1	0.24	ND	ND	ND	0.92	ND
2	ND	ND	ND	ND	0.054	ND
3	0.048	ND	ND	ND	ND	ND
4	ND	ND	ND	ND	0.023	ND
5	ND	ND	ND	ND	ND	ND
6	ND	ND	ND	ND	0.28	0.059

续表

序号	毒死蜱	甲胺磷	乙酰甲胺磷	氧乐果	氯氰菊酯	甲氰菊酯
7	ND	ND	ND	ND	0.18	ND
8	ND	ND	ND	ND	ND	ND
9	ND	ND	ND	ND	ND	ND
10	ND	ND	ND	ND	0.058	ND
11	0.053	ND	ND	ND	0.031	ND
12	ND	ND	ND	ND	0.095	ND
13	ND	ND	ND	0.048	0.20	ND
14	ND	ND	ND	ND	0.032	ND
15	ND	ND	ND	ND	0.17	ND
16	ND	ND	ND	ND	0.095	ND
17	ND	0.080	0.16	ND	0.19	ND
18	ND	ND	ND	ND	ND	ND
19	ND	ND	ND	ND	ND	ND
20	ND	ND	ND	ND	0.019	ND

注：ND 为没有检出

表 6.2.3　水蜜桃中农药污染

农药	毒性	最大残留限量 （mg/kg）	样本数 （批次）	检出次数 （次）	检出率 （%）	超标率 （%）	残留水平 （mg/kg）
毒死蜱	低毒	无	20	3	15.00	0.00	0.048～0.24
甲胺磷	高毒	0.05*	20	1	5.00	5.00	0.080
乙酰甲胺磷	低毒	0.5*	20	1	5.00	0.00	0.16
氧乐果	中等毒	0.02*	20	1	5.00	5.00	0.048
氯氰菊酯	中等毒	1	20	14	70.00	0.00	0.019～0.92
甲氰菊酯	中等毒	5*	20	1	5.00	0.00	0.059

注：* 没有明确的限量指标，参考了核果类水果的限量指标

2.2　水蜜桃农药残留慢性膳食摄入风险和急性膳食摄入风险

从世界卫生组织数据库[13]可查询得到 6 种农药的 ARfD。毒死蜱、甲胺磷、乙酰甲胺磷、氧乐果、氯氰菊酯、甲氰菊酯检出限（单位为 mg/kg）分别为 0.02,0.01,0.03,0.02,0.003,0.002[3]。应用慢性和急性风险评估的相关公式对结果进行了计算,得到表 6.2.4。从表 6.2.4 可见,检出的 6 种农药慢性膳食摄入风险均远低于 100%,为 0.010%~3.07%,平均值为 0.66%。这表明,慈溪水蜜桃农药残留慢性膳食摄入风险是可以接受的,而且均很低,其中除氧乐果慢性膳食摄入风险值为 3.07%（大于 1%）外,其余 5 种农药慢性膳食摄入风险值均小于 0.50%。

表 6.2.4　农药残留慢性风险评估和急性风险评估

农药		毒死蜱	甲胺磷	乙酰甲胺磷	氧乐果	氯氰菊酯	甲氰菊酯
慢性风险评估	每日允许摄入量（mg/kg bw）	0.01	0.004	0.03	0.0003	0.02	0.03
	平均残留量（mg/kg）	0.026	0.0088	0.022	0.012	0.12	0.0039
	%ADI(%)	0.20	0.17	0.056	3.07	0.46	0.010
急性风险评估	最高残留	0.24	0.080	0.16	0.048	0.92	0.059
	99.9 百分位点（mg/kg）	0.2364	0.0786	0.1572	0.0473	0.9191	0.0579
	急性参考剂量[15]（mg/kg bw）	0.1	0.01	0.1	0.02	0.04	0.03
	估计短期摄入量（mg/kg）	0.0032	0.0011	0.0021	0.0006	0.0125	0.0008
	%ARfD(%)	3.2	11	2.1	3	31	2.7
	安全界限（mg/kg）	7.35	0.74	7.35	1.47	2.94	2.21

经计算可知,这 6 种农药的急性膳食摄入风险（%ARfD）均低于

100％,为 2.1％～31％,平均值为 8.8％。这表明慈溪市的水蜜桃农药残留急性膳食摄入风险是可以接受的,而且都很低。从表 6.2.4 还可以看出,各农药的最高残留量均远小于安全界限,进一步证实这些农药的急性膳食摄入风险均很低。

2.3 农药残留风险排序

根据我国桃产量、鲜食量、出口鲜食水蜜桃量、贮藏运输损耗率以及我国居民食物摄入量(1056.6g)[18]推断,我国居民桃子摄入量占总膳食的比例为 4.35％,根据表 6.2.1 确定桃子膳食比例得分为 1。根据农药合理使用国家标准,每种农药在桃子上最多使用 3 次。本文研究的水蜜桃均为晚中熟品种,果实发育期在 120 天以上。因此,用公式(6.2.6)算得,各农药的使用频率均小于 2.5％,根据表 6.2.1 确定农药使用频率得分(D)为 0。虽然中国不同人群之间水果消费存在差异,但并没有可以用来判定存在高暴露人群的相关数据,因此根据表 6.2.1 确定高暴露人群得分(E)为 3。将 6 种农药的残留风险得分列于表 6.2.5。从表 6.2.5 可见,根据各农药的残留风险得分高低,可将 6 种农药分为 3 类,第 1 类为高风险农药,共有 2 种,风险得分均大于等于 20;第 2 类为中风险农药,共有 2 种,风险得分均在 15～20;第 3 类为低风险农药,共有 2 种,风险得分均小于 15。

用公式(6.2.8)计算出 20 批次水蜜桃样品各自的农药残留风险指数(RI)。以 5 为 RI 级差,可将 20 批次水蜜桃样品分为 4 类。第 1 类为高风险样品,RI 大于等于 15,共有 0 批次样品,占 0.00％;第 2 类为中风险样品,RI 在 10～15 的共有 0 批次样品,占 0.00％;第 3 类为低风险样品,RI 在 5～10 的共有 5 批次样品,占 25.00％;第 4 类为极低风险样品,RI 小于 5,共有 15 批次样品,占 75.00％。这表明,中国水蜜桃农药残留风险水平以低和极低为主,占 100.00％。

表 6.2.5　水蜜桃中 6 种农药的残留风险得分

农药名称	毒性	毒效 （mg/kg）	膳食比例 （%）	使用 频率	高暴露 人群	在所有样品 中的平均分
毒死蜱	2	0	1	0	3	10.3
甲胺磷	4	1	1	0	3	25.5
乙酰甲胺磷	2	0	1	0	3	10.1
氧乐果	3	1	1	0	3	20.4
氯氰菊酯	3	0	1	0	3	17.2
甲氰菊酯	3	0	1	0	3	15.15

2.4　现有农药最大残留限量的适用性

在检出的 6 种农药中，除毒死蜱外均制定了桃子中最大残留限量[11]，桃子中 6 种农药的最大残留限量估计值见表 6.2.6。从表 6.2.6 可见，除毒死蜱没有规定限量要求外，甲胺磷、乙酰甲胺磷、氧乐果、氯氰菊酯、甲氰菊酯最大残留限量均比 eMRL 低 80% 以上，可见这些农药的最大残留限量要求均过严。按照最大残留限量可比 eMRL 略低或略高的原则，建议毒死蜱、甲胺磷、乙酰甲胺磷、氧乐果、氯氰菊酯、甲氰菊酯的最大残留限量（单位为 mg/kg）分别设为 13.5、5.5、39.5、0.40、26.5、39.5。从表 6.2.6 可见，除毒死蜱没有规定限量要求，甲胺磷、氧乐果高于限量要求外，其余 3 种农药的 99.5 百分位点残留值[4,5]均显著低于国家最新的最大残留限量或最大残留限量建议值。表明这些最大残留限量和最大残留限量建议值能有效保护消费者的健康。

表 6.2.6　桃子中 6 种农药的最大残留限量估计值和最大残留限量建议值

农药	毒死蜱	甲胺磷	乙酰甲胺磷	氧乐果	氯氰菊酯	甲氰菊酯
ADI(mg/kg bw)	0.01	0.004	0.03	0.0003	0.02	0.03
eMRL(mg/kg)	13.0435	5.2174	39.1304	0.3913	26.0870	39.1304
MRL(mg/kg)	无	0.05*	0.5*	0.02*	1	5*
RMRL(mg/kg)	13.5	5.5	39.5	0.40	26.5	39.5
P99.5(mg/kg)	0.22	0.073	0.15	0.044	0.86	0.053

3 讨论

3.1 慈溪市水蜜桃农药残留风险

从本次检测的结果来看,水蜜桃中有较高的农药残留检出率,达到了75.00%,并有10.00%的样品农药残留超标,且都为禁用农药。在一批次桃子样品中,在有甲胺磷农药检出的同时有乙酰甲胺磷农药检出,可能为乙酰甲胺磷降解而成。一方面水蜜桃一般露天种植,使用套袋的较少,水蜜桃由于皮薄,果肉香甜,易受病虫为害;另一方面水果散户种植户的科学种植意识不强,种植户没有掌握可靠的病虫害防治技术是其使用高毒高效禁用农药的重要原因之一。相关技术部门要进一步对水蜜桃病虫害防治技术进行研究,把可靠的病虫害防治技术传授给种植户,并应用起来,使水蜜桃病虫害可防可控可治,杜绝乱用药。

3.2 桃子中农药残留限量标准

在检出的6种农药中,1种农药没有规定限量标准,1种农药明确规定了桃子中的农药残留限量标准,其余4种农药都是参考了核果类水果的限量指标。由于核果类水果范围较大,直接造成了桃子中限量标准宽严较难掌握。桃子在成熟过程中病虫害发生相对较多,如果农药残留限量标准过严,不利于桃子产业的健康持续发展,如果过宽又不利于食用桃子的消费者的身心健康。应根据慢性膳食摄入风险、急性膳食摄入风险评价结果及生产实际情况进行合理设置。我国目前的桃子农药残留限量标准明显偏严,应及时进行调整,以利于桃子种植产业的发展。

3.3 慢性膳食摄入风险和急性膳食摄入风险评价结果的局限性

由于我国不同年龄人群的大份餐统计数据的缺失,桃子平均单果重量受不同桃子品种的影响较大,且无相关统计数据,加上我国幅员辽阔,不同区域差异较大,都对慢性膳食摄入风险和急性膳食摄入风险评价结果的可靠性产生了影响。由于无相关可参考数据,本文中桃子的大份餐和单果重量都参考了与我国相邻的日本的统计结果,等我国有相关统计数据时再做进一步的修正。

4　结论

慈溪市散户种植水蜜桃农药残留检出率相对较高,为 75.00%,超标率为 10.00%。尽管如此,通过分析表明,慈溪市散户种植水蜜桃农药残留慢性膳食摄入风险较低,各农药的慢性膳食摄入风险值均小于 3.5%,远远小于 100%。慈溪市水蜜桃农药残留急性膳食摄入风险小于 32%,远小于 100%。各农药的最高残留量均远小于安全界限。

水蜜桃是桃子中的一个常见品种,具有典型性。根据最大残留限量估计值,我国现行的桃子中除毒死蜱外,甲胺磷、乙酰甲胺磷、氧乐果、氯氰菊酯、甲氰菊酯的最大残留限量均过严,建议毒死蜱、甲胺磷、乙酰甲胺磷、氧乐果、氯氰菊酯、甲氰菊酯的最大残留限量(单位为 mg/kg)分别设为 13.5,5.5,39.5,0.40,26.5,39.5。

参 考 文 献

[1] 陈国海,王立如,徐永江,等.6 个水蜜桃品种在慈溪滨海平原种植表现[J].浙江农业科学,2015,56(6):865-867.

[2] NY/T 761—2008 蔬菜和水果中有机磷、有机氯、拟除虫菊酯和氨基甲酸酯类农药多残留的测定[S].

[3] GB 2763—2014 食品安全国家标准　食品中农药最大残留限量[S].

[4] 聂继云,李志霞,刘传德,等.苹果农药残留风险评估[J].中国农业科学,2014,

47(18)：3655－3667.

[5] 赵敏娴,王灿楠,李亭亭,等.江苏居民有机磷农药膳食累积暴露急性风险评估
[J].卫生研究,2013,42(5)：844－848.

[6] 吕永来.2013年全国各省(区、市)苹果、葡萄、柑橘和梨、桃产量完成情况分析
[J].中国林业产业,2014,(11)：52－55.

[7] 吕健,毕金峰,赵晓燕,等.国内外桃加工技术研究进展[J].食品与机械,2012,28
(1)：268－271,274.

[8] http：//www. topeach. com. cn/html/news/2014－11－26/669. html.

[9] http：//wenku. baidu. com/link? url＝cEVb1SEQSRIvzzqZPvZTQXYR5dFMp
2oJ7ptCqngsZu9eIrCwCFzHwWaPPDJAZdfej0yeYitruXmZQ_laxOcNgl-52Y9K
IejMCQVWcoLefva.

[10] 王志刚,于彩云,马明兴,等.山东省桃产业的现状与对策建议[J].落叶果树,
2015,47(2)：16－18.

[11] 张志恒,汤涛,徐浩,等.果蔬中氯吡脲残留的膳食摄入风险评估[J].中国农业
科学,2012,45(10)：1982－1991.

[12] Food and Agriculture Organization of the United Nations (FAO). Submission
and evaluation of pesticide residues data for estimation of maximum residue
levels in food and feed (FAO plant production and protection paper 197).
Rome：FAO,2009(Second edition).

[13] WHO(World Health Organization). A template for the automatic calculation
of the IESTI [EB/OL]. http：//www. who. int/foodsafety/hem. /IESTI_
calculation_13c. xlt.

[14] 高仁君,陈隆智,张文吉. 农药残留急性膳食风险评估研究进展[J].食品科学,
2007,28(2)：363－368.

[15] The Veterinary Residues Committee. Annual peport on surveillance for
veterinary residues in food in the UK 2010 [EB/OL]. http：//www. vmd.
defra. gov. uk/VRC/pdf/reports/vrcar2010. pdf. 2014－1－16.

[16] GB 15670—1995 农药登记毒理学试验方法[S].

[17] 药物在线. 化学物质索引数据库[DB/OL]. [2016 - 03 - 04]. http：//www. drugfuture. com/chemdatal.

[18] 金水高. 中国居民营养与健康状况调查报告之十：2002 营养与健康状况数据集 [M]. 北京：人民卫生出版社，2008.

第3节 慈溪市柑橘质量安全风险评价

慈溪市从 20 世纪 60 年代开始成片种植柑橘,是柑橘种植的北缘地区[1]。现在种植的柑橘品种以"宫川"为主,且多集中在龙山镇。柑橘因其产量高、易管理而受到种植户的欢迎。但其在果实成熟过程中,也会受到病虫害的侵害,需要把施用农药作为防治农作物病虫害、提高柑橘产量的重要手段[2]。当地的柑橘多以剥皮食用为主,很少利用柑橘皮。种植户普遍认为,施用农药后农药残留在柑橘皮上,不会对果肉有影响。我们为解答柑橘果肉中是否有农药残留的疑惑,利用气相色谱仪对慈溪市生产的柑橘进行农药残留定量分析并进行暴露风险评估和预警风险评估,拟通过了解柑橘质量安全风险现状和特点,为科学食用柑橘和科学指导种植户进行果树防病治病提供参考。

1 材料与方法

1.1 调查对象

以慈溪市本地种植的柑橘作为调查分析对象。于 2014 年 10 月随机抽样了 1 个镇 21 家种植户生产的上市前柑橘样品 21 批次,对柑橘剥皮,仅对果肉进行检测。

1.2 样品分析与测定

按照 NY/T 761—2008[3]规定的方法测定敌敌畏、甲胺磷、乙酰甲胺磷、氧乐果、三唑磷、甲拌磷、毒死蜱、甲基对硫磷、杀螟硫磷、对硫磷、水胺硫磷、磷胺、久效磷、百菌清、三唑酮、联苯菊酯、甲氰菊酯、氟氯氰菊酯、氯氟氰菊酯、氯氰菊酯、溴氰菊酯、氰戊菊酯、涕灭威和涕灭威砜及涕灭威亚砜、克百威及 3-羟基克百威、甲萘威、灭虫威、杀线威、残杀威和灭多威等 29 种农药残留量。所用仪器为 Agilent 公司 6890N 气相色谱仪和 7890A 气相色谱仪,采用火焰光度检测器(FPD)和微电子捕获检测器(μ-ECD)、Waters 公司 2695 液相色谱仪配 2475 德光检测器。测定结果按照 GB 2763—2014[4]进行判定。

1.3　评价指标

风险系数(R)、食品安全指数(IFS)、平均食品安全指数($\overline{\text{IFS}}$)、每日允许摄入量(ADI)的定义和计算公式详见第 1 章第 3 节。

敌敌畏、甲胺磷、乙酰甲胺磷、氧乐果、三唑磷、甲拌磷、毒死蜱、甲基对硫磷、杀螟硫磷、对硫磷、水胺硫磷、磷胺、久效磷、百菌清、三唑酮、联苯菊酯、甲氰菊酯、氟氯氰菊酯、氯氟氰菊酯、氯氰菊酯、溴氰菊酯、氰戊菊酯、涕灭威和涕灭威砜及涕灭威亚砜、克百威及 3-羟基克百威、甲萘威、灭虫威(甲硫感)、杀线威、残杀威和灭多威的 ADI 值(单位为 mg/kg bw)分别为 0.004,0.004,0.03,0.0003,0.001,0.0007,0.01,0.003,0.006,0.004,0.003,0.0005,0.0006,0.02,0.03,0.01,0.03,0.04,0.002,0.02,0.01,0.02,0.003,0.001,0.008,0.02,0.009,0.02,0.02[4]。

2　结果与分析

2.1　柑橘农药使用情况调查

我们在柑橘抽样的同时,通过询问种植户、查看农资仓库和检查田间使用过的农药袋等方式对种植户在柑橘上的农药使用情况进行了了解。从对种植户使用农药的调查结果来看,21 个种植户不同程度地使用了 7 种药物中的 1 种或几种。我们进行了简单归类,主要有 2 大类药物,杀菌类农药有 4 种,主要用来防治霉病等;杀虫类农药 3 种,主要用于红蜘蛛、蚜虫等,主要在柑橘成熟期使用,详见表 6.3.1。本次调查发现在柑橘成熟阶段杀菌类农药使用频率较高。

表 6.3.1　调查发现的农药

种类	农　药
杀菌类	阿维菌素、代森锰锌、甲基托普津(甲基硫菌灵)、井冈霉素
杀虫类	氧乐果、杀虫双、吡虫啉

2.2　柑橘农药残留情况

通过农药残留定量检测发现,2 批次样品有氧乐果农药残留检出,其余样品中没有农药残留检出,残留检出量在 0.092mg/kg 和 0.107mg/kg 之间,详见表 6.3.2、表 6.3.3 和表 6.3.4。

表 6.3.2　有机磷农药残留检出情况　　　　　　（单位：mg/kg）

序号	农药名称												
	敌敌畏	甲胺磷	乙酰甲胺磷	氧乐果	三唑磷	甲拌磷	毒死蜱	甲基对硫磷	杀螟硫磷	对硫磷	水胺硫磷	磷胺	久效磷
1	ND	ND	ND	ND	ND	ND	ND	ND	ND	ND	ND	ND	ND
2	ND	ND	ND	ND	ND	ND	ND	ND	ND	ND	ND	ND	ND
3	ND	ND	ND	ND	ND	ND	ND	ND	ND	ND	ND	ND	ND
4	ND	ND	ND	ND	ND	ND	ND	ND	ND	ND	ND	ND	ND
5	ND	ND	ND	ND	ND	ND	ND	ND	ND	ND	ND	ND	ND
6	ND	ND	ND	ND	ND	ND	ND	ND	ND	ND	ND	ND	ND
7	ND	ND	ND	ND	ND	ND	ND	ND	ND	ND	ND	ND	ND
8	ND	ND	ND	0.092	ND	ND	ND	ND	ND	ND	ND	ND	ND
9	ND	ND	ND	ND	ND	ND	ND	ND	ND	ND	ND	ND	ND
10	ND	ND	ND	ND	ND	ND	ND	ND	ND	ND	ND	ND	ND
11	ND	ND	ND	ND	ND	ND	ND	ND	ND	ND	ND	ND	ND

续表

序号	农药名称												
	敌敌畏	甲胺磷	乙酰甲胺磷	氧乐果	三唑磷	甲拌磷	毒死蜱	甲基对硫磷	杀螟硫磷	对硫磷	水胺硫磷	磷胺	久效磷
12	ND	ND	ND	ND	ND	ND	ND	ND	ND	ND	ND	ND	ND
13	ND	ND	ND	ND	ND	ND	ND	ND	ND	ND	ND	ND	ND
14	ND	ND	ND	ND	ND	ND	ND	ND	ND	ND	ND	ND	ND
15	ND	ND	ND	ND	ND	ND	ND	ND	ND	ND	ND	ND	ND
16	ND	ND	ND	0.107	ND	ND	ND	ND	ND	ND	ND	ND	ND
17	ND	ND	ND	ND	ND	ND	ND	ND	ND	ND	ND	ND	ND
18	ND	ND	ND	ND	ND	ND	ND	ND	ND	ND	ND	ND	ND
19	ND	ND	ND	ND	ND	ND	ND	ND	ND	ND	ND	ND	ND
20	ND	ND	ND	ND	ND	ND	ND	ND	ND	ND	ND	ND	ND
21	ND	ND	ND	ND	ND	ND	ND	ND	ND	ND	ND	ND	ND

注：ND 为没有检出，下同

表 6.3.3　拟除虫菊酯类农药残留检出情况　　　（单位：mg/kg）

序号	农药名称								
	百菌清	三唑酮	联苯菊酯	甲氰菊酯	氟氯氰菊酯	氯氟氰菊酯	氯氰菊酯	溴氰菊酯	氰戊菊酯
1	ND	ND	ND	ND	ND	ND	ND	ND	ND
2	ND	ND	ND	ND	ND	ND	ND	ND	ND
3	ND	ND	ND	ND	ND	ND	ND	ND	ND
4	ND	ND	ND	ND	ND	ND	ND	ND	ND
5	ND	ND	ND	ND	ND	ND	ND	ND	ND
6	ND	ND	ND	ND	ND	ND	ND	ND	ND
7	ND	ND	ND	ND	ND	ND	ND	ND	ND
8	ND	ND	ND	ND	ND	ND	ND	ND	ND
9	ND	ND	ND	ND	ND	ND	ND	ND	ND
10	ND	ND	ND	ND	ND	ND	ND	ND	ND
11	ND	ND	ND	ND	ND	ND	ND	ND	ND

续表

序号	农药名称								
	百菌清	三唑酮	联苯菊酯	甲氰菊酯	氟氯氰菊酯	氯氟氰菊酯	氯氰菊酯	溴氰菊酯	氰戊菊酯
12	ND	ND	ND	ND	ND	ND	ND	ND	ND
13	ND	ND	ND	ND	ND	ND	ND	ND	ND
14	ND	ND	ND	ND	ND	ND	ND	ND	ND
15	ND	ND	ND	ND	ND	ND	ND	ND	ND
16	ND	ND	ND	ND	ND	ND	ND	ND	ND
17	ND	ND	ND	ND	ND	ND	ND	ND	ND
18	ND	ND	ND	ND	ND	ND	ND	ND	ND
19	ND	ND	ND	ND	ND	ND	ND	ND	ND
20	ND	ND	ND	ND	ND	ND	ND	ND	ND
21	ND	ND	ND	ND	ND	ND	ND	ND	ND

表 6.3.4　氨基甲酸酯类农药残留检出情况　　　（单位：mg/kg）

序号	农药名称						
	涕灭威和涕灭威砜及涕灭威亚砜	克百威及3-羟基克百威	甲萘威	灭虫威	杀线威	残杀威	灭多威
1	ND	ND	ND	ND	ND	ND	ND
2	ND	ND	ND	ND	ND	ND	ND
3	ND	ND	ND	ND	ND	ND	ND
4	ND	ND	ND	ND	ND	ND	ND
5	ND	ND	ND	ND	ND	ND	ND
6	ND	ND	ND	ND	ND	ND	ND
7	ND	ND	ND	ND	ND	ND	ND
8	ND	ND	ND	ND	ND	ND	ND
9	ND	ND	ND	ND	ND	ND	ND
10	ND	ND	ND	ND	ND	ND	ND
11	ND	ND	ND	ND	ND	ND	ND
12	ND	ND	ND	ND	ND	ND	ND

序号	农药名称						
	涕灭威和涕灭威砜及涕灭威亚砜	克百威及 3－羟基克百威	甲萘威	灭虫威	杀线威	残杀威	灭多威
13	ND	ND	ND	ND	ND	ND	ND
14	ND	ND	ND	ND	ND	ND	ND
15	ND	ND	ND	ND	ND	ND	ND
16	ND	ND	ND	ND	ND	ND	ND
17	ND	ND	ND	ND	ND	ND	ND
18	ND	ND	ND	ND	ND	ND	ND
19	ND	ND	ND	ND	ND	ND	ND
20	ND	ND	ND	ND	ND	ND	ND
21	ND	ND	ND	ND	ND	ND	ND

2.3　柑橘农药残留安全指数评价

由于本试验中除氧乐果外，其余 28 种农药均没有残留情况，所以未计算其安全指数。根据公式仅计算有残留检出的氧乐果农药的 IFS_C 值和 $\overline{IFS}$ 值。经计算可知，IFS 分别为 0.888 和 0.031，都小于 1，说明我们所监测的这 29 种农药在该时间段对柑橘安全没有明显影响，其安全状态均在可接受的范围之内。由此可见，这 29 种农药都不是影响慈溪市柑橘质量安全的主要因素。

2.4　柑橘质量安全评价

本研究采用短期风险系数进行分析。设定本实验 $a=100, b=0.1$，由于本实验的数据来源于正常施检，所以 $S=1$，此时计算的结果，若 $R<1.5$，则该危害物低度风险；若 $1.5 \leqslant R < 2.5$，则该危害物中度风险；若 $R \geqslant 2.5$，则该危害物高度风险。因为本实验中除氧乐果外，其余农药没有农药残留检出，因此，只计算有残留检出的氧乐果的风险系数。由于氧乐果农

药的样本超标率为 9.52%,经过计算可知风险系数均为 10.62,大于 2.5,为高度风险。

2.5 相关标准对柑橘中检出的 4 种农药的限量要求

目前,常用的标准有《GB 2763—2014 食品安全国家标准 食品中农药最大残留限量》[4] 和《NY/T 426—2012 绿色食品 柑橘类水果》[5] 等。对照标准,我们发现这次抽样检测到的 2 批次有氧乐果残留的样品,其氧乐果残留量均超出了 GB 2763—2014 规定的限量要求,为不合格,而 NY/T 426—2012 没有对氧乐果的限量要求做明确规定,详见表 6.3.5。从这 2 个标准对我们本次检测的 29 种农药的限量要求的比较来看,GB 2763—2014 对 26 种农药做了限量要求,而 NY/T 426—2012 仅对 9 种农药做了限量规定,出现了优质农产品绿色食品标准限量要求落后于国家强制标准的现象。

表 6.3.5 相关标准对 29 种农药的限量要求 （单位：mg/kg）

农药名称	GB 2763—2014	NY/T 426—2012
敌敌畏	≤0.2	无
甲胺磷	≤0.05	无
乙酰甲胺磷	≤0.5	无
氧乐果	≤0.02	无
三唑磷	≤0.2	无
甲拌磷	≤0.01	无
毒死蜱	≤1	≤1
甲基对硫磷	≤0.02	无
杀螟硫磷	≤0.5	无
对硫磷	≤0.01	无
水胺硫磷	≤0.02	≤0.02
磷胺	≤0.05	无
久效磷	≤0.03	无
百菌清	≤1	无

续表

农药名称	GB 2763—2014	NY/T 426—2012
三唑酮	≤1	无
联苯菊酯	≤0.05	≤0.05
甲氰菊酯	≤5	≤5
氟氯氰菊酯	≤0.3	无
氯氟氰菊酯	≤0.2	≤0.2
氯氰菊酯	≤1	≤2
溴氰菊酯	≤0.05	≤0.05
氰戊菊酯	≤0.2	≤0.2
涕灭威和涕灭威砜及涕灭威亚砜	≤0.02	无
克百威及 3-羟基克百威	≤0.02	≤0.02
甲萘威	无	无
灭虫威	无	无
杀线威	≤5	无
残杀威	无	无
灭多威	≤1	无

3　讨论

从本次抽样检测结果来看,在柑橘中没有拟除虫菊酯类、杀菌类和氨基甲酸酯类等农药残留检出,只检出 1 种有机磷农药氧乐果。氧乐果属高毒杀虫剂,此药具有内吸、触杀和一定胃毒作用,击倒力快、高效、广谱,具有杀虫和杀螨等特点,具有强烈的触杀和内渗作用,是较理想的根、茎内吸传导性杀螨、杀虫剂,特别适于防治刺吸性害虫,效果优于乐果和内吸磷,不易产生抗性,并可降低易产生抗性的拟除虫菊酯的抗性,在花木种植中有较大范围的使用。但由于其在柑橘等水果果肉中会有残留，而非内吸性农药往往只在表皮有残留[6]，因此在水果种植过程中应禁止使用内吸性农药。

从柑橘农药残留安全指数评价结果来看，29种农药在该时间段对柑橘安全没有明显影响，其安全状态均在可接受的范围之内，可见这29种农药都不是影响慈溪市柑橘质量安全的主要因素。从风险系数分析结果来看，氧乐果在柑橘农药残留方面是高风险的；但目前利用安全指数来进行风险评估尚处于起步阶段，缺少一些基础性的权威的调查数据，特别是单一柑橘品种的单人日均消费量缺失和柑橘是季节性水果都给风险评估的结果的有效性带来了一定的不确定性。

从我们调查得到的农药种类来看，只有1种农药包括在我们29种检测的农药当中，这种农药在柑橘中有不同程度的检出。由于种种原因，至今仍有不少农药是我们没有开展常规检测的。作为县级基层农产品检测机构，具有随时了解农药实际使用情况的独特地缘优势，因此根据农户的农药实际使用情况确定农药监测种类，提高检测的针对性具有一定的现实性，并在农产品质量安全越来越被重视的今天显得越来越迫切。

参 考 文 献

[1]浙江省慈溪市农林局.慈溪农业志[M].上海：上海科学技术出版社,1991：295.

[2]袁吉泽,张懋,余建伟.降低橘子皮中有机磷农药残留的技术[J].食品与生物技术学报,2012,31(3)：283-288.

[3] NY/T 761—2008 蔬菜和水果中有机磷、有机氯、拟除虫菊酯和氨基甲酸酯类农药多残留的测定[S].

[4] GB 2763—2014 食品安全国家标准　食品中农药最大残留限量[S].

[5]NY/T 426—2012 绿色食品　柑橘类水果[S].

[6] 王冬群.翠冠梨不同组织中农药残留分布规律[J].浙江农业科学,2013,(1)：63-66.

第 4 节　慈溪市水果有机磷农药残留调查及风险评估

　　水果中农药残留的多少不仅影响水果的质量安全水平,而且也是制约水果质量的主要因素。通过风险分析,可以找出水果中风险最大的因素,然后对其进行重点监管,这样可以在很大程度上提高监管效率。目前,国内对水果农药残留监测的报道较少[1],更未见对水果中农药残留情况进行系统风险评价的报道。随着城市化水平的提高,新鲜水果的消耗量相应增加[2],水果的健康风险问题也越来越受到重视。因此,全面调查和测定水果中的农药残留,对于了解其健康风险具有重要意义。近年来,慈溪市开展了规模农场基地水果上市前的质量安全状况监测,但对结果分析仅限于单一水果样品农药残留含量本身,没有将这些结果综合起来分析,更没有与人体健康风险问题联系起来对慈溪市水果的质量安全水平进行风险评价和分析,这在一定程度上影响了监测数据的进一步有效应用。因此,开展针对水果质量安全风险的调查分析与研究具有较高的理论价值和实践意义。

　　本文主要针对基地不同种类水果的农药残留含量及其质量安全风险进行评估,并对居民食用水果可能引起的摄入农药残留的健康风险进行了探讨。

1　材料与方法

1.1　调查对象

以慈溪市水果生产基地生产的新鲜水果为调查分析对象,于 2008 年、2009 年和 2010 年对上市前送检的水果进行了检测。3 年共对葡萄、杨梅、梨、瓜、草莓、桃子、柑橘和枇杷等 8 种水果 162 批次样品进行了农药残留定量分析,其中 2008 年检测 30 批次,2009 年检测 44 批次,2010 年检测 88 批次。

1.2 样品分析与测定

按照 NY/T 761—2008[3] 方法测定敌敌畏、甲胺磷、乙酰甲胺磷、氧乐果、三唑磷、甲拌磷、毒死蜱、甲基对硫磷、马拉硫磷、对硫磷、水胺硫磷、磷胺和久效磷等 13 种农药残留量。所用仪器为 Agilent 公司 6890N 气相色谱仪,配 7683 自动进样器,采用火焰光度检测器(FPD)。测定结果按照 GB 2763—2005[4]、NY 1500.13.3 ~ 4 1500.31.1 ~ 49.2—2008[5] 进行判定。

1.3 评价指标

风险系数(R)、食品安全指数(IFS)、平均食品安全指数($\overline{\text{IFS}}$)、每日允许摄入量(ADI)的定义和计算公式详见第 1 章第 3 节。

敌敌畏、甲胺磷、乙酰甲胺磷、氧乐果、三唑磷、甲拌磷、毒死蜱、甲基对硫磷、马拉硫磷、对硫磷、水胺硫磷、磷胺和久效磷的 ADI 值(单位为 mg/kg bw)分别为 0.004,0.004,0.03,0.0003,0.001,0.0007,0.01,0.003,0.3,0.004,0.003,0.0005,0.0006[4]。

2 结果与分析

2.1 水果农药残留的时间变化

从 3 年综合来看,水果农药残留总的检出率为 6.79%,近 3 年均没有水果农药残留超标,超标率为 0.00%,其中 2008 年的农药残留检出率为 3.33%,2009 年的农药残留检出率为 6.82%,2010 年的农药残留检出率为 7.95％。从而可以看出,不同年份水果农药残留检出率逐年上升,大小依次为:2010 年＞2009 年＞2008 年,见表 6.4.1。

表 6.4.1　水果基地水果农药残留的年度变化　　　（单位:批次）

季度	2008 年		2009 年		2010 年		合 计	
	抽样	检出	抽样	检出	抽样	检出	抽样	检出
一	0	0	0	0	4	0	4	0
二	4	0	9	0	25	0	38	0
三	26	1	28	3	59	7	113	11
四	0	0	7	0	0	0	7	0
合计	30	1	44	3	88	7	162	11

2.2　不同种类水果农药残留的变化

近 3 年检测的产品品种逐年增加,从 2008 年的 5 个品种,增加到了 2009 年和 2010 年的 7 个品种,其中检测的样品中最多的是葡萄,其次是杨梅,送样情况与我市的水果产业大小基本相吻合。现在慈溪市要求水果生产基地在水果上市前送检一批次样品,送检样品数量的增加也从一个侧面说明我市水果生产基地数量在近 3 年增加较快。

从不同种类水果来看,除了杨梅、柑橘、枇杷和草莓等 4 种水果没有农药残留检出外,其余 4 类水果中都有不同程度的农药残留检出。检出率大小依次为:梨＞桃子＞瓜类＞葡萄＞杨梅、柑橘、枇杷和草莓,其中梨检出率为 29.41％,葡萄检出率为 2.78％,瓜类检出率为 5.56％,桃子检出率为 23.08％,见表 6.4.2。由此可见,不同种类水果受农药污染的程度不同,其农药残留检出规律可能与不同水果品种的种植特征有关,如不同水果不同的栽培方式和在不同的季节种植等,病虫害发生的种类与严重性都有其各自的特点,这些都直接决定了使用农药的种类与频率,也最终反映在不同水果农药残留的差异上。

表 6.4.2　不同种类水果农药残留检出率

种类	2008 年		2009 年		2010 年		3 年综合	
	抽样数（批次）	检出率（%）	抽样数（批次）	检出率（%）	抽样数（批次）	检出率（%）	抽样数（批次）	检出率（%）
葡萄	14	7.14	18	5.56	40	0.00	72	2.78
杨梅	3	0.00	5	0.00	20	0.00	28	0.00
瓜类	6	0.00	7	14.29	5	0.00	18	5.56
桃子	2	0.00	3	33.33	8	25.00	13	23.08
草莓	0	0.00	4	0.00	7	0.00	11	0.00
梨	5	0.00	5	0.00	7	71.43	17	29.41
柑橘	0	0.00	2	0.00	0	0.00	2	0.00
枇杷	0	0.00	0	0.00	1	0.00	1	0.00
合计	30	3.33	44	6.82	88	7.95	162	6.79

2.3　水果农药残留的时间变化

从近 3 年检测的样品数量来看,逐年增多,从 2008 年的 30 批次增加到 2009 年的 44 批次,到 2010 年则为 88 批次。随着检测的样品数量越多,农药残留的检出率也就越高。从表 6.4.3 中可见,检出水果有农药残留的时间都集中在第 3 季度,其余 3 个季度都没有农药残留检出。近 3 年都是如此。从送样的时间上来看,也主要集中在第 2 和第 3 季度,从 3 年综合来看,第 2 和第 3 季度检测的样品数量占了全年的 93.21%。这与慈溪水果的实际生产季节主要在春夏两季的情况基本相吻合。

2.4　农药检出和超标情况

从农药检出和超标的情况来看,近 3 年共检出 4 种 11 项次的农药残留,其中敌敌畏 2 次,乙酰甲胺磷 1 次,毒死蜱 3 次,三唑磷 5 次,没有农药残留超标,见表 6.4.3。从农药检出的次数多少来看,依次为三唑磷＞毒死蜱＞敌敌畏＞乙酰甲胺磷＞甲胺磷、水胺硫磷、氧乐果、甲基对硫磷、马拉硫磷、对硫磷。检出的农药主要为三唑磷,占了所有农药检出项次的 45.45%。

表 6.4.3 有机磷农药检出和超标的次数 （单位：次）

季度	敌敌畏	甲胺磷	乙酰甲胺磷	氧乐果	甲拌磷	毒死蜱	甲基对硫磷	马拉硫磷	对硫磷	水胺硫磷	三唑磷	磷胺	久效磷
一	0	0	0	0	0	0	0	0	0	0	0	0	0
二	0	0	0	0	0	0	0	0	0	0	0	0	0
三	2	0	1	0	0	3	0	0	0	0	5	0	0
四	0	0	0	0	0	0	0	0	0	0	0	0	0
合计	2	0	1	0	0	3	0	0	0	0	5	0	0
超标	0	0	0	0	0	0	0	0	0	0	0	0	0

2.5 水果农药残留安全指数评价

从表 6.4.4 可以看出,近 3 年各季度的各种农药 IFS_c 都小于 1,说明我们所监测的这几种农药在该时间段对水果安全没有明显影响,可见这 13 种有机磷农药都不是影响慈溪市水果质量安全的主要因素。

表 6.4.4 水果有机磷农药残留安全指数

季度	IFS_c												
	敌敌畏	甲胺磷	乙酰甲胺磷	氧乐果	三唑磷	甲拌磷	毒死蜱	甲基对硫磷	马拉硫磷	对硫磷	水胺硫磷	磷胺	久效磷
一	0	0	0	0	0	0	0	0	0	0	0	0	0
二	0	0	0	0	0	0	0	0	0	0	0	0	0
三	0.027	0	0.009	0	0.579	0	0.028	0	0	0	0	0	0
四	0	0	0	0	0	0	0	0	0	0	0	0	0

3 讨论

近 3 年慈溪市基地水果送检的数量逐年增加,水果的农药残留检出率也呈现逐年上升的趋势,2008 年的水果质量要明显好于 2009 年和 2010 年,且检出农药的季节每年都集中在第 3 季度。同时不同水果的农药残留情况表现出不同的特点。检出有农药残留的水果较为集中,农药的品种也较为集中,主要为梨中使用三唑磷,桃子中使用毒死蜱。

从安全指数和农药污染的综合值评价,我们所检测的 13 种有机磷农药都不是影响慈溪市水果质量安全的主要因素。三唑磷是在近 3 年中检出次数最多的农药,且都仅在梨中被检出,这与我们在水果基地实地调查中的结果一致。三唑磷在梨中主要用来防治蛀虫,效果较好,是梨种植户喜欢用的农药品种之一。从水果质量安全综合评价来看,近 3 年不同种类水果受农药污染的程度不同,这种变化规律与本地的气候和各种水果的种植特征有关。

从总体来看,近 3 年慈溪市水果的质量相对较好,没有禁用农药使用的情况,农药的检出率较低,没有水果样品农药残留超标,明显要好于深圳市宝安区的水果农药残留调查结果[1]。这一方面与我市水果生产基地对水果的质量安全比较重视,采取了科学的质量安全管理措施有关;另一方面也可能是水果中使用的农药刚好没有包括在我们所检测的 13 种农药之内。在今后的工作中我们将进一步根据水果中实际使用农药的情况不断调整监测的农药品种,从而达到通过检测及时发现不合格样品的目的。水果套袋种植可明显减少病虫害[6],从而减少农药的使用。本文中农药检出率较高的梨和桃子均是可以套袋种植的品种,且技术较为成熟。建议相关种植户采用果实套袋等先进的种植技术,尽量减少农药的使用,从而进一步提高水果的质量安全水平。

参 考 文 献

[1] 唐淑军,梁幸,赖勇,等. 水果农药残留研究分析[J]. 广东农业科学,2010(8):
    253 – 255.

［2］陶建平，熊刚初，徐晔. 我国水果消费水平与城市化的相关性分析［J］. 中国农村经济，2004(6)：18－24.

［3］NY/T 761—2008 蔬菜和水果中有机磷、有机氯、拟除虫菊酯和氨基甲酸酯类农药多残留的测定［S］.

［4］GB 2763—2005 食品中农药最大残留限量［S］.

［5］NY 1500.13.3～4 1500.31.1～49.2—2008 蔬菜、水果中甲胺磷等 20 种农药最大残留限量［S］.

［6］高茂芳，范勇新，陈燕芳，等. 水果套袋的功效［J］. 浙江柑橘，2009，26(3)：44－45.

第 5 节　2011—2014 年慈溪市农产品批发市场水果质量安全情况调查及风险评估

随着人们生活水平的提高,水果食用量相应增加,水果的质量安全问题越来越受到重视。农产品批发市场作为水果交易最重要的流通环节之一,了解和控制此环节的水果质量安全对于保证零售市场的水果质量安全和保护群众的身心健康具有重要意义。本文主要对慈溪市农产品批发市场不同种类和不同来源的水果进行了农药残留含量的定量检测,并对居民食用水果而摄入残留农药可能引起的健康风险进行了探讨。

1　材料与方法

1.1　调查对象

在 2011—2014 年以慈溪市农产品批发市场水果(除杨梅外)作为研究对象,进行了 22 种农药残留的定量检测分析,4 年来共检测水果样品 20 批次。

1.2　样品分析与测定

按照 NY/T 761—2008[2]规定的方法测定敌敌畏、甲胺磷、乙酰甲胺磷、氧乐果、三唑磷、甲拌磷、毒死蜱、甲基对硫磷、马拉硫磷、对硫磷、水胺硫磷、磷胺、久效磷、百菌清、三唑酮、联苯菊酯、甲氰菊酯、氟氯氰菊酯、氯氟氰菊酯、氯氰菊酯、溴氰菊酯和氰戊菊酯等 22 种农药残留量。其中 2009—2011 年仅检测敌敌畏、甲胺磷、乙酰甲胺磷、氧乐果、三唑磷、甲拌磷、毒死蜱、甲基对硫磷、马拉硫磷、对硫磷、水胺硫磷、磷胺和久效磷等 13

种有机磷农药。所用仪器为 Agilent 公司 6890N 气相色谱仪配 7683 自动进样器，Agilent 公司 7890A 气相色谱仪配 7693A 自动进样器，采用火焰光度检测器（FPD）和微电子捕获检测器（μ-ECD）。测定结果按照 GB 2763—2012[3]进行判定。

1.3　评价指标

风险系数（R）、食品安全指数（IFS）、平均食品安全指数（$\overline{\text{IFS}}$）、每日允许摄入量（ADI）的定义和计算公式详见第 1 章第 3 节。

各种农药残留的可接受日摄入量（ADI）具体见表 6.5.1。

表 6.5.1　农药的 ADI 值　　　　　　　　（单位：mg/kg bw）

农药名称	ADI	农药名称	ADI	农药名称	ADI	农药名称	ADI
氟氯氰菊酯	0.04	久效磷	0.000 6	毒死蜱	0.01	甲氰菊酯	0.03
甲胺磷	0.004	溴氰菊酯	0.01	百菌清	0.02	甲基对硫磷	0.003
氯氰菊酯	0.02	敌敌畏	0.004	甲拌磷	0.000 7	乙酰甲胺磷	0.03
氧乐果	0.000 3	水胺硫磷	0.003	杀螟硫磷	0.006	氰戊菊酯	0.02
三唑酮	0.03	氯氟氰菊酯	0.02	三唑磷	0.001		
磷胺	0.000 5	对硫磷	0.004	联苯菊酯	0.01		

2　结果与分析

2.1　农产品批发市场水果的农药污染

从表 6.5.2 可见，近 4 年每年都有农药残留检出，但没有农药残留超标。2011—2014 的 4 年里，共有 7 批次样品 12 项次的农药残留检出，检出率为 35.00％。

表 6.5.2　近 4 年农产品批发市场水果质量总体情况

年份	检测数/批次	批次数 样品(检出次数)	检出率(%)	超标率(%)
2011	2	1(1)	50.00	0.00
2012	6	2(2)	33.33	0.00
2013	5	1(1)	20.00	0.00
2014	7	3(8)	42.86	0.00
合计	20	7(12)	35.00	0.00

　　从水果来源看,近 4 年我们对农产品批发市场抽查的水果样品中有 80%来自于省外,除浙江省外,还共有 11 个省份的水果在慈溪市农产品批发市场销售,其中广东、广西、陕西、山东、海南均为 2 批次,其余省(区)均为 1 批次。从浙江省内来看,有 2 批次地级市的水果在慈溪市农产品批发市场销售,其中宁波本地的 2 批次,绍兴市的 2 批次,具体情况详见表 6.5.3。

表 6.5.3　农批市场水果不同来源地农药残留情况调查统计

年份		新疆	广东	广西	山西	陕西	福建	山东	海南	云南	宁海	江西	安徽	慈溪	绍兴
2011	样品	0	0	0	0	0	0	0	1	0	0	0	0	0	1
	检出	0	0	0	0	0	0	0	1(1)	0	0	0	0	0	0
	超标	0	0	0	0	0	0	0	0	0	0	0	0	0	0
2012	样品	0	0	0	0	0	0	0	0	0	1	1	1	1	1
	检出	0	0	0	0	0	0	1(1)	0	0	0	0	1(1)	0	0
	超标	0	0	0	0	0	0	0	0	0	0	0	0	0	0
2013	样品	0	1	0	0	1	0	1	1	1	0	0	0	0	0
	检出	0	0	0	0	0	0	1(1)	0	0	0	0	0	0	0
	超标	0	0	0	0	0	0	0	0	0	0	0	0	0	0
2014	样品	1	1	2	1	1	1	0	0	0	0	0	0	0	0
	检出	1(1)	0	2(7)	0	0	0	0	0	0	0	0	0	0	0
	超标	0	0	0	0	0	0	0	0	0	0	0	0	0	0
合计	样品	1	2	2	1	2	1	2	2	1	1	1	1	1	2
	检出	1(1)	0	2(7)	0	0	0	2(2)	1(1)	0	0	0	1(1)	0	0
	超标	0	0	0	0	0	0	0	0	0	0	0	0	0	0

　　从农药残留情况来看,全年外省水果有 7 批次样品 12 项次的农药残留检出,没有样品超标。检出有农药残留的水果样品占了外省水果的 43.75%,检出的水果样品分别来自新疆、广西、山东、海南和安徽等 5 省(区);浙江省内水果样品均没有农药残留检出。从上可以看出本地水果的农药残留情况要明显好于外省产的水果。

　　从农批市场不同种类水果农药残留检出数和超标数来看,苹果在 4 年中检出次数最多,为 4 批次,检出率高达 80.00%;其次为柑橘、荔枝和小番茄,各有 1 批次样品农药残留检出;其余水果样品没有农药残留检出。

表 6.5.4　农批市场不同种类水果农药残留检出数和超标数

名称		苹果	甜瓜	猕猴桃	甘蔗	雪莲果	西瓜	桃子	枣	柑橘	荔枝	小番茄	梨	合计
	样品	0	0	0	0	0	0	1	0	0	1	0	0	2
2011	检出	0	0	0	0	0	0	0(0)	0	0	1(1)	0	0	1(1)
	超标	0	0	0	0	0	0	0(0)	0	0	0(0)	0	0	0(0)
	样品	2	0	0	0	0	1	1	1	1	0	0	0	6
2012	检出	2(2)	0	0	0	0	0(0)	0(0)	0(0)	0(0)	0	0	0	2(2)
	超标	0(0)	0	0	0	0	0(0)	0(0)	0(0)	0(0)	0	0	0	0(0)
	样品	1	1	1	1	1	0	0	0	0	0	0	0	5
2013	检出	1(1)	0(0)	0(0)	0(0)	0(0)	0	0	0	0	0	0	0	1(1)
	超标	0(0)	0(0)	0(0)	0(0)	0(0)	0	0	0	0	0	0	0	0(0)
	样品	2	0	0	0	0	0	0	0	3	0	1	1	7
2014	检出	1(1)	0	0	0	0	0	0	0	1(5)	0	1(2)	0(0)	3(8)
	超标	0(0)	0	0	0	0	0	0	0	0(0)	0	0(0)	0(0)	0(0)
	样品	5	1	1	1	1	1	2	1	4	1	1	1	20
合计	检出	4(4)	0(0)	0(0)	0(0)	0(0)	0(0)	0(0)	0(0)	1(5)	1(1)	1(2)	0(0)	7(12)
	超标	0(0)	0(0)	0(0)	0(0)	0(0)	0(0)	0(0)	0(0)	0(0)	0(0)	0(0)	0(0)	0(0)

　　从慈溪市农产品批发市场水果中检出的农药品种来看,主要是有机磷农药、拟除虫菊酯类农药和杀菌类农药,分别为 2 种、3 种和 1 种。从农药检

出的种类来看,在 4 年中,有三唑磷、毒死蜱、氯氟氰菊酯、氯氰菊酯、百菌清和甲氰菊酯等 6 种农药有残留检出,其中 2014 年检出的农药种类最多,为 8 种农药;2011 年和 2013 年检出的农药种类最少,各为 1 种农药。从农药检出的次数来看,每年都有不同数量的农药检出,其中毒死蜱检出次数最多,为 4 次,含量为 0.022～0.064mg/kg;三唑磷、甲氰菊酯各检出 1 次,含量分别为 0.10mg/kg,0.076mg/kg,氯氟氰菊酯、氯氰菊酯、百菌清等其余 3 种农药各检出 2 次,含量分别为 0.0043～0.041mg/kg,0.047～0.083mg/kg,0.0022～0.0044mg/kg。可见各种农药含量都比较低。

表 6.5.5　慈溪市农产品批发市场水果不同年份农药污染(单位:批次)

年份	三唑磷	毒死蜱	氯氟氰菊酯	氯氰菊酯	百菌清	甲氰菊酯
2011	0	0	0	0	1	0
2012	0	2	0	0	0	0
2013	0	1	0	0	0	0
2014	1	1	2	2	0	1
合计	1	4	2	2	2	1

2.2　慈溪市农产品批发市场水果农药残留暴露风险评估

由于本研究中甲胺磷、乙酰甲胺磷、氧乐果、敌敌畏、甲拌磷、甲基对硫磷、马拉硫磷、对硫磷、水胺硫磷、磷胺、久效磷、三唑酮、联苯菊酯、氟氯氰菊酯、溴氰菊酯和氰戊菊酯等 16 种农药没有残留情况,所以未计算其安全指数。根据公式仅计算有残留检出的 6 种农药的 IFS_c 值和 $\overline{IFS}$ 值。

从表 6.5.6 可以看出,4 年来检测的各种农药 IFS 都小于 1,说明我们所监测的这几种农药在该时间段对慈溪市农产品批发市场水果安全没有明显影响,其安全状态均在可接受的范围之内。由此可见,这 22 种农药都不是影响慈溪市农产品批发市场水果质量安全的主要因素。

表 6.5.6　慈溪市农产品批发市场水果中主要农药残留安全指数

IFS$_C$						$\overline{\text{IFS}}$
三唑磷	毒死蜱	氯氟氰菊酯	氯氰菊酯	百菌清	甲氰菊酯	
0.25	0.016	0.0051	0.010	0.00055	0.0063	0.013

2.3　慈溪市农产品批发市场水果农药残留预警风险评估

本研究采用长期风险系数进行分析。设定本次调查 $a=100, b=0.1$，由于本次调查的数据来源于正常施检，所以 $S=1$，此时计算的结果，若 $R<1.5$，则该危害物低度风险；若 $1.5 \leqslant R<2.5$，则该危害物中度风险；若 $R \geqslant 2.5$，则该危害物高度风险。因为本研究中除三唑磷、毒死蜱、氯氟氰菊酯、氯氰菊酯、百菌清和甲氰菊酯外，其余农药没有农药残留检出，所以只计算有残留检出的 6 种农药的风险系数。6 种农药的样本超标率为 0，经过计算可知，6 种农药风险系数均为 1.1，均小于 1.5，为低度风险，详见表 6.5.7。

表 6.5.7　慈溪市农产品批发市场水果中主要农药残留的风险系数

农药名称	样品数	检验次数	施检频率	超标率（%）	风险系数
三唑磷	20	20	1	0	1.1
毒死蜱	20	20	1	0	1.1
氯氟氰菊酯	20	20	1	0	1.1
氯氰菊酯	20	20	1	0	1.1
百菌清	20	20	1	0	1.1
甲氰菊酯	20	20	1	0	1.1

2.4　水果质量安全评价

对水果质量进行安全评价，除了使用水果农药残留安全指数进行评估外，还可以采用水果单项污染指数，即水果污染样本超标率和水果污染样本最大超标值来评价。由表 6.5.8 可以看出,在所有检测的水果样品中,水果中没有禁用的农药残留检出,也没有农药残留超标。近 4 年慈溪市农产品批发市场水果的质量安全情况较好。

表 6.5.8　慈溪市农产品批发市场不同种类水果的农药污染

（单位：mg/kg）

评价项目	最大检出值											
	梨	苹果	甜瓜	猕猴桃	甘蔗	雪莲果	西瓜	桃子	枣	柑橘	荔枝	小番茄
敌敌畏	ND	ND	ND	ND	ND	ND	ND	ND	ND	ND	ND	ND
甲胺磷	ND	ND	ND	ND	ND	ND	ND	ND	ND	ND	ND	ND
乙酰甲胺磷	ND	ND	ND	ND	ND	ND	ND	ND	ND	ND	ND	ND
甲拌磷	ND	ND	ND	ND	ND	ND	ND	ND	ND	ND	ND	ND
氧乐果	ND	ND	ND	ND	ND	ND	ND	ND	ND	ND	ND	ND
毒死蜱	0.064	ND	ND	ND	ND	ND	ND	ND	0.052	ND	ND	ND
甲基对硫磷	ND	ND	ND	ND	ND	ND	ND	ND	ND	ND	ND	ND
杀螟硫磷	ND	ND	ND	ND	ND	ND	ND	ND	ND	ND	ND	ND
对硫磷	ND	ND	ND	ND	ND	ND	ND	ND	ND	ND	ND	ND
水胺硫磷	ND	ND	ND	ND	ND	ND	ND	ND	ND	ND	ND	ND
三唑磷	ND	ND	ND	ND	ND	ND	ND	ND	0.10	ND	ND	ND
百菌清	ND	ND	ND	ND	ND	ND	ND	ND	ND	0.0044	0.0022	ND
三唑酮	ND	ND	ND	ND	ND	ND	ND	ND	ND	ND	ND	ND
联苯菊酯	ND	ND	ND	ND	ND	ND	ND	ND	ND	ND	ND	ND
甲氰菊酯	ND	ND	ND	ND	ND	ND	ND	0.076	ND	ND	ND	ND
氯氟氰菊酯	0.0043	ND	ND	ND	ND	ND	ND	ND	0.041	ND	ND	ND
氟氯氰菊酯	ND	ND	ND	ND	ND	ND	ND	ND	ND	ND	ND	ND
氯氰菊酯	ND	ND	ND	ND	ND	ND	ND	ND	0.083	ND	0.047	ND
氰戊菊酯	ND	ND	ND	ND	ND	ND	ND	ND	ND	ND	ND	ND
溴氰菊酯	ND	ND	ND	ND	ND	ND	ND	ND	ND	ND	ND	ND

注：ND 为未检出

3　讨论

从 2011—2014 年对慈溪市农产品批发市场水果 22 种农药残留定量检测的结果来看,在慈溪市农产品批发市场水果中拟除虫菊酯类、有机磷农药和杀菌类农药都有不同程度检出。从农药残留检出的情况看,三唑磷、毒死蜱、氯氟氰菊酯、氯氰菊酯、百菌清和甲氰菊酯等 6 种农药残留有不同程度检出,但检出农药的残留量都较低,都没有超出国家的相关标准,样品合格率为 100.00%。同时对近 4 年的跟踪检测分析,仅在 4 种水果中有农药残留检出,其余 8 种水果中没有农药残留检出,且有农药残留检出的水果样品中农药残留量都比较低。

从水果的不同来源来看,有 11 个外省和省内 2 个地级市的水果在我市销售,表明慈溪市农产品批发市场上的水果来源广泛。从近 4 年的农药残留定量检测结果来看,外省水果的质量要略差于本省的水果,特别是苹果农药残留检出率较高。水果来源复杂增加了管理难度,导致了质量下降。因此,农批市场要通过对摊位水果抽检自查等管理措施,进一步加强水果质量安全管理。在今后慈溪市不仅要完善对本地水果的监管,而且要进一步加强对外地输入水果的监管。

从慈溪市农产品批发市场水果农药残留暴露风险评估指标安全指数评价结果来看,22 种农药在我们调查分析的该时间段内对慈溪市农产品批发市场水果安全没有明显影响,其安全状态均在可接受的范围之内。可见,这 22 种农药都不是影响慈溪市农产品批发市场水果质量安全的主要因素。从预警风险评估指标风险系数分析结果来看,22 种农药均为低度风险,也进一步确定慈溪市农产品批发市场水果在农药残留方面是低风险的,慈溪市农产品批发市场水果在农药残留方面是安全的,是可以放心食用的。但目前利用安全指数和风险系数来进行风险评估刚刚开始,一些基础的权威调查数据缺少,特别是单一水果品种的单人日均消费量缺失给水果风险评估的结果的有效性带来了一定的不确定性。

从水果质量安全综合评价来看,近 4 年检测的水果样品中,不同种类水果受农药污染的程度不同。各类水果农药残留检出率大小依次为枣＞荔枝、梨＞柑橘＞小番茄、甜瓜、猕猴桃、甘蔗、雪莲果、西瓜、桃子、苹果。这种变化规律可能与不同水果种类受病虫害的影响不同、病虫害防治水平高低、最终施用农药情况差异有关。

参 考 文 献

[1] 浙江省慈溪市农林局.慈溪农业志[M].上海：上海科学技术出版社,1991：296.

[2] NY/T 761—2008 蔬菜和水果中有机磷、有机氯、拟除虫菊酯和氨基甲酸酯类农药多残留的测定[S].

[3] GB 2763—2012 食品安全国家标准　食品中农药最大残留限量[S].

第7章 水果质量安全对策与措施

第1节 影响水果农药残留量的主要因素

食品安全是影响人类生存和生活质量的重要因素之一,水果安全在食品安全中占有十分重要的地位。随着生活水平的逐步提高,人们对水果食用安全性的要求越来越高。但由于水果组织水分含量大,易腐烂变质,以及生长过程中易受病虫害侵袭,水果种植过程中不得不使用一定数量的农药。但由于农药残留量超过一定的数量会影响人的健康,因此加强水果农药残留监控,特别是产前、产中、产后各环节的监控,对提高水果质量安全水平,促进水果产业健康发展具有重要意义。影响水果农药残留的因素很多,主要因素有以下几点。

1 种植户安全用药意识差

我国发布实施的《农药合理使用准则》中,明确规定了农药在水果生产中的常用药量、最高用药量、施药方法、最多使用次数和安全间隔期;但在实际种植过程中执行不到位,甚至一些国家明令禁止的高毒、高残留农药(如甲胺磷、对硫磷、久效磷、甲拌磷和克百威等杀虫剂)仍以复配剂的形式在果树生产中经常、大量地使用,形成了禁而不止的局面,从而造成了农药大量残留,严重地影响水果的品质与安全。

我国是农药使用大国,年使用量在 80 万～100 万 t,居世界首位,且几乎都是化学农药,生物农药使用相对较少。目前果园的果树病虫害防治仍主要依赖于化学防治,但由于受价格和果农传统用药习惯等的影响,坚持老想法、老经验,不愿意接受高效低毒农药,继续违规使用高毒农药。部分种植户往往只追求水果数量而不重视质量,在生产环节中大量使用农药和化学植物生长调节剂。一些农户为了赶商机使用超浓度的农药杀虫或使用农药后未到安全间隔期就提前采收上市。部分种植户法律意识淡薄,不能做到知法守法,导致生产经营过程中违规使用禁用农药。

2 种植户栽培技术有待进一步提高

由于水果栽培技术相对落后,病虫害防治以化学农药为主,不仅水果外观质量差,还由于农药使用剂量、时间、次数不当,导致农药残留超标。一些种植户误认为使用农药浓度越高防治效果越好,从而随意提高使用浓度,这势必导致病虫抗药性增强,防治效果下降,进而造成了农药使用浓度越来越高,用量也越来越大,在病虫害的防治上形成了恶性循环;有的种植户对果树病虫害的发生规律和发生时期掌握不够,从而无法正确掌握最佳的施药时间,不管有无病虫害,一律都是 7～10 天防治 1 次,这样不仅导致病虫害抗药性增强,药效降低,更重要的是造成了水果上农药残留超标。

3 农药市场管理有待进一步加强

目前,不少在水果中已经禁止使用的农药在不少领域中仍有应用,禁用农药在源头上没有完全堵住,市场上存在继续销售和使用甲胺磷、氧乐果和克百威等高毒高残留农药的死角。个别农药销售人员不熟悉水果病虫害防治技术,从自身的经济利益出发,推销农药,甚至销售水果上禁用的农药。有极少数不法摊点甚至销售假冒伪劣农药[1]。

4　质量监控作用不强,质量安全标准尚不完善

目前我国尚未建立起完善的水果质量安全市场准入与例行监测制度。我国目前虽已建立(或正在筹建)的国家级、部级农产品质量监督检验测试中心 200 余个,但由于管理区域过大,没有建立起完善的质量安全市场准入和例行监测制度,这在一定程度上削弱了产品质量的监管控制作用。

水果质量安全标准的核心内容是农药残留最大限量标准值,发达国家和国际组织对水果中农药残留最大限量标准的规定非常完善和详细,如美国将水果分为 70 余种(类),分别规定农药残留最大限量标准值,涉及水果的农药达 200 种,而在我国已发布的最新农药残留最大限量标准 GB 2763—2014 中,涉及水果的农药虽已有 210 种,但过于笼统,有的农药仅规定了几个水果大类的限量标准值。同时,我国水果中农药残留最大限量标准值的规定也不尽合理,标准存在着过紧过松的问题。有些农药(如滴滴涕)的限量低于其他国家和国际组织的规定,这也在一定程度上限制了我国水果生产安全质量标准的实施。

5　农药残留检测体系不健全

我国水果农药残留检测工作起步时间较晚,检测体系尚不健全。随着水果消费市场的快速壮大,检测人员相对不足、检测手段不配套,导致检测

频次与抽检数量相对有限,不少水果未经抽检直接流入市场进行交易。目前较大的农贸市场、批发市场都配置了农药残留速测仪,但受现行的速测仪本身的局限性,科学性低,以定性检测为主,很多农药不能检测发现。对农贸市场的监管还力不从心,存在薄弱环节[1]。

参 考 文 献

[1] 王永钊.都市蔬果产品农药残留现状及成因分析[J].农药科学与管理,2011,32(6):31-34.

第 2 节　水果质量安全对策与措施

食品安全是广大人民群众关注的焦点,是关系到人民群众身心健康的头等大事。水果多以生食、鲜食为主,因而发展优质安全水果,促进水果产业结构升级,保障生态安全和水果质量安全,已经成为促进农民增收、农业增效的有效途径,成为水果产业可持续发展的重要内容之一。随着社会发展,人民生活水平提高,对水果的质量安全方面提出了更高的要求。因此,要根据水果生产的现状和发展实际采取相应的对策和措施。

1　加大宣传培训力度,提高从业者素质

1.1　加大宣传力度,营造良好氛围

宣传对于维护和提升水果品牌,不断提高市场知名度,促进水果产业健康发展,持续增加农民收入有重要意义。要通过电视、报纸、网页、会议展销、短信和农民信箱等各种方式多层次、多渠道地做好宣传工作。通过多种形式、多个角度、多种途径,面向社会公众、水果生产经营者、龙头企业、农民经济合作组织、水果质量安全监管监测人员和新闻媒体等有针对性地开展宣传教育活动,为提升水果质量安全营造良好的社会氛围。同时重点教育和引导种植户自觉树立质量安全意识、科学种植意识、维护名牌形象意识,激发水果生产企业生产优质水果的积极性。

1.2　加大培训力度,提高生产者、农资经营者素质

进一步加强水果质量安全培训,为果业发展提供强有力的技术支撑。利用科技示范户、绿证培训和专业技术培训等形式,对农资经营户、生产管

理者进行培训,宣传农产品质量安全知识、农资经营的法律法规和政策,提高经营户的经营水平和生产管理者的管理水平。通过技术培训,让成熟的栽培技术到家落户。目前,农药市场上农药种类多样,真假难辨。很多果农习惯使用老农药和残留高的农药,这就给水果安全生产带来了难题。通过培训、指导果农不使用国家禁用农药,规范使用国家允许使用的农药,使农药残留达到国家规定标准。

2 完善水果相关种植技术措施

成熟的生产技术措施是水果质量安全的基础。要在追肥施肥、整形修剪、果实套袋、疏花疏果、人工授粉、果实采收和包装贮藏等方面都制订严格的技术方案,各个环节须按要求实施。推广应用各种水果的生产标准化管理技术模式图,确保生产各环节都符合标准化生产要求。另外,技术部门下基层指导时,要使种植户易懂、易接受。同时要积极推广应用成熟的新技术、新品种。

3 加强农资投入品市场管理

3.1 强化市场整治

要建立健全农业、工商和公安等部门的协作机制,依法对各类农药生产经营主体和农药产品进行检查。凡不具备法定资质条件的农药生产经营企业和工商个体户,要及时进行清理,并坚决予以取缔。重点加大对农资批发市场和镇村农资集散地的检查力度,严厉查处在农药产品标签、产品质量和广告宣传等方面的违法违规行为,打击商业欺诈和虚假宣传。

3.2　强化质量监督抽查

要健全农药质量监测制度,加大监督抽查力度,把群众反映突出、市场检查中问题多发的区域、市场、产品和企业纳入重点检测范围。对质量抽检中发现的质量问题,要追根溯源,一查到底。要通过媒体及时发布质量信息,增加透明度,维护公众知情权。

3.3　强化大案要案查处

对市场检查、投诉举报和媒体披露等各种途径发现的案件线索,要集中力量,认真排查。对在低毒、中毒农药中添加高毒农药或有效成分为零的案件一经发现,要及时上报市农业相关部门。对涉及面广、造成重大生产事故、群众反映强烈的农药大案要案,要采取挂牌督办、联合办案等形式,彻查到底,决不姑息。

3.4　强化长效机制建设

要督促企业建立并执行农药质量管理、档案信息管理、质量责任以及产品召回等制度,用制度来约束农资营销行为。要全力推行农药经营登记备案、高毒农药定点经营两项制度。要大力推进化学农药综合监管信息化建设,推行农药产品条码制,努力实现农药产品信息可查询、流向可追踪、质量可控制。

4　推广应用病虫害绿色防控技术

积极采用农业、物理和生物方法防治病虫害。如因地制宜地推广应用杀虫灯、粘虫板、糖醋液、性诱剂和利用天敌以虫治虫等绿色防控技术,最大限度地减少化学农药的使用量,减少农药对果园和水果的污染,保护果园生态平衡,降低农残风险,提高水果的质量安全水平。

4.1 农业防治

农业防治是最经济、安全和有效的病虫害防治方法。一方面创造有利于果树生长发育的条件,使其生长健壮,增强对病虫害的抵抗能力;另一方面不利于有害生物活动、繁衍,从而达到控制病虫发生发展的目的。农业防治的主要措施有:选育和利用适合当地的抗病抗虫的优良品种;培育和利用健壮无病虫的繁殖材料,培育无病虫苗木,把好检疫关,控制病虫害的人为传播;清洁果园,清除病虫残体,深耕除草,消灭转主寄主等措施,铲除或减少果园内外的病虫初次和再次侵染来源;加强管理,做好合理施肥、精细修剪、疏花疏果、果实套袋、排水和翻耕果园等农业措施,增强树势,提高树体的抗病虫能力,有效地减轻病虫害的发生;通过定期观察,做好测报,将病虫消灭在萌芽状态。

4.2 物理机械防治

物理机械防治病虫害既可减少农药的使用,也可减少农药残留,主要是根据病虫害的某种生物学特性,辅以较简单的机械或措施,直接将病虫害消灭。最常用的方法有捕杀法、阻隔法、诱杀法、果实套袋、树干涂白、手术治疗和高温处理等。

4.3 生物防治

生物防治技术具有成本低、无公害、保护环境、消灭病虫的特点。要注重保护环境的生态多样性,利用自然天敌或在果园大量释放天敌,以虫治虫,利用真菌、细菌、放线菌、病毒和线虫等有益生物或其代谢产物防治果树病虫,利用昆虫激素诱杀昆虫等方式达到防治病虫的目的。

5　科学使用农药

5.1　禁止高毒农药在水果中使用

彻底禁止甲胺磷等 23 种高毒农药在水果中的使用,包括六六六、滴滴涕、毒杀芬、二溴氯丙烷、杀虫脒、二溴乙烷、除草醚、艾氏剂、狄氏剂、汞制剂、砷铅类、敌枯双、氟乙酰胺、甘氟、毒鼠强、氟乙酸钠、毒鼠硅、甲胺磷、甲基对硫磷、对硫磷、久效磷、磷胺。严格禁止甲拌磷、甲基异柳磷、内吸磷、克百威、涕灭威、灭线磷、硫环磷和氯唑磷 8 种农药在果树上使用;严格禁止灭多威、硫丹等 2 种农药在苹果树上使用。

5.2　正确使用允许使用的农药

在果园病虫害防治中,允许使用生物源农药、矿物源农药和低毒有机合成农药。要根据病虫害预测预报和防治对象的特性及危害特点,科学选用农药种类,做到适时用药、交替用药和合理混用,提高防治效果。允许使用的农药每年最多使用 2 次。

5.2.1　对症用药。在准确识别有害生物种类,了解药剂特性及适用范围和对象的基础上,做到准确对症施用农药。

5.2.2　适时用药。掌握病虫害发生规律和动态,对达到防治指标的,应及时施药,本着治早、治小,防治并进的原则,把病虫的危害和农药的使用量降到最低限度。

5.2.3　选择与专性用药。利用有害生物与天敌在生物学和生态习性上的差异及专性药物具有选择杀伤作用的特点,有针对性地选择专性农药作为首选用药来防治病虫害。

5.2.4　适量用药。严格按照农药使用说明书中推荐的施用方法、施用浓度和施用量进行用药,不得随意改变施用方法、加大施用浓度、施用量和施用次数。

5.2.5 混合用药。 合理地混用农药既可降低使用浓度,减少农药使用量,又可兼治不同种类的有害生物,提高防治效果,是果园常用的施药方法。但应注意:混用必须增效,不能增加对人畜的毒性,有效成分之间也不能发生化学变化而使药效下降。

5.2.6 轮换用药。 长期连续使用单一品种的农药,容易使病虫产生抗药性,导致防治效果大幅度降低。为了保证防治效果,果农往往采用增大施药量和增加施药次数的方法,从而步入一个恶性循环的怪圈,增大农药对水果和环境的污染程度与水果上农药的残留量。因此,轮换使用作用机制不同的农药品种,不仅可延缓病虫产生抗药性,也可减少农药的残留。

5.2.7 按规定的安全间隔期施用农药。 安全间隔期是指最后1次施药至水果收获时允许的间隔天数,即收获前禁止使用农药的日数。大于安全间隔期施药,收获水果中的农药残留量不会超过规定的最大残留量,可以保证食用者的安全。因此,应根据各种农药的安全间隔期,严格控制最后1次施药时间,并不允许在安全间隔期内收获水果。

6 严禁使用药袋

目前,国内还没有一个农药品种在水果纸袋上登记使用。为保障水果质量安全,要采取有力措施,严禁在水果生产上使用药袋。要结合各地实际,对果园进行全面排查,特别是对目前已经套袋的果园要进行全面彻底检查,发现套药袋的坚决进行限期摘除和置换。同时结合实行农药登记备案制度,要推行果袋生产企业备案制度,配合工商、质监部门依法查处药袋生产企业和民间黑作坊,严厉打击经销药袋的商贩,杜绝药袋的生产和销售。要将监管责任明确到单位、细化到个人,切实强化对果袋生产、经营和使用的监管,确保生产中没有药袋使用现象。

7　开展水果产地环境普查

组织各级水果质检中心重点对水果产地土壤和水质中有机氯和有机磷等农药残留开展检测。对我国水果重点产区的产地环境进行一次全面普查，以摸清我国水果产地环境状况，为政府决策、优势农产品区域布局提供依据，科学指导水果安全生产。

8　建立水果市场准入制度

全面贯彻落实 2006 年 11 月实施的《中华人民共和国农产品质量安全法》，强化水果质量安全监测，确定强制检测的农药残留种类和限量。加强水果质量安全普查的力度，做好水果产前、产中、产后各环节的监控，不断提高水果质量安全水平。在条件成熟时最终建立水果市场准入制度。

9　完善水果质量标准体系

2006 年 5 月 29 日，日本正式实施了"肯定列表制度"，对农产品中农药残留等化学物质提出了更为苛刻的限量标准，水果同其他农产品一样较以往增加了大量的农残检测项目，对日出口企业面临着新的挑战和考验。虽然我国目前已初步建立了水果质量标准体系，但在使用过程中也暴露出一些亟待完善的地方，要尽快完善水果质量标准体系，适应国际市场需要。

9.1　检验标准要进一步完善

部分农药有国家检验标准，但国内现行的检测方法最低检出限达不到有关国家制定的最大残留限量标准，或已有残留限量标准而尚未制定检验方法,要加强检测技术和检测方法攻关,尽快制定适应国内外需要的检测方法。

9.2　水果农药残留限量标准要进一步完善

有些水果农药残留限量标准滞后,不适应国内外对水果质量安全的需要,部分农药至今尚未列入水果产品质量标准中,此类标准尚待修改和完善。部分农药的限量标准只规定到大类,没有具体到哪一种水果。如苯线磷只对各大类水果做了限量要求。

10　加强水果"三品一标"认证

积极引导企业严格依照相关水果生产技术标准或规范组织生产,加速推广普及水果安全生产配套技术,全面实现标准化生产、安全生产、安全销售,让更多的有机食品、绿色食品、无公害农产品走进百姓家中。

附录　水果中农药最高残留限量(MRL)国家标准与农药每日允许摄入量(ADI)

序号	农药名称	水果名称	MRL (mg/kg)	国标编号	ADI (mg/kg bw)
1	2,4-滴和2,4-滴钠盐 (2,4-D和2,4-D Na)	柑橘类水果 仁果类水果 核果类水果 浆果及其他小粒水果	1 0.01 0.05 0.1	GB 2763—2014	0.01
2	2-甲-4-氯(钠) [MCPA(sodium)]	柑橘	0.1	GB 2763—2014	0.1
3	阿维菌素 (abamectin)	柑橘类水果(柑橘除外) 柑橘 苹果 梨 草莓 瓜果类水果	0.01 0.02 0.02 0.02 0.02 0.01	GB 2763—2014	0.002
4	百草枯 (paraquat)	柑橘类水果(柑橘除外) 柑橘 仁果类水果(苹果除外) 苹果 核果类水果 浆果及其他小粒水果 橄榄 皮不可食的热带和亚热带水果(香蕉除外) 香蕉 瓜果类水果	0.02 0.2 0.01 0.05 0.01 0.01 0.1 0.01 0.02 0.02	GB 2763—2014	0.005
5	百菌清 (chlorothalonil)	苹果 梨 葡萄 柑橘 西瓜 甜瓜	1 1 0.5 1 5 5	GB 2763—2014	0.02
6	保棉磷 (azinphos-methyl)	水果(单列的除外) 苹果 梨 桃 樱桃 油桃 李子 李子干 蓝莓 越橘 西瓜 甜瓜类水果	1 2 2 2 2 2 2 5 0.1 0.2 0.2	GB 2763—2014	0.03

续表

序号	农药名称	水果名称	MRL (mg/kg)	国标编号	ADI (mg/kg bw)
7	倍硫磷 (fenthion)	柑橘类水果	0.05	GB 2763—2014	0.007
		仁果类水果	0.05		
		核果类水果(樱桃除外)	0.05		
		樱桃	2		
		浆果和其他小型水果	0.05		
		热带和亚热带水果 (橄榄除外)	0.05		
		橄榄	1		
		瓜果类水果	0.05		
8	苯丁锡 (fenbutatin oxide)	柑橘	1	GB 2763—2014	0.03
		柑橘脯	25		
		柠檬	5		
		柚	5		
		橙	5		
		仁果类(苹果、梨除外)	5		
		苹果	5		
		梨	5		
		樱桃	10		
		桃	7		
		李子	3		
		李子干	10		
		葡萄	5		
		葡萄干	20		
		草莓	10		
		香蕉	10		
9	苯氟磺胺 (dichlofluanid)	苹果	5	GB 2763—2014	0.3
		梨	5		
		桃	5		
		加仑子(黑、红、白)	15		
		悬钩子	7		
		醋栗(红、黑)	15		
		葡萄	15		
		草莓	10		
10	苯菌灵 (benomyl)	柑橘	5*	GB 2763—2014	0.1
		梨	3*		
11	苯硫威 (fenothiocarb)	柑橘	0.5*	GB 2763—2014	0.0075
12	苯螨特(benzoximate)	柑橘	0.3*	GB 2763—2014	0.15

注：* 该限量为临时限量，下同

序号	农药名称	水果名称	MRL (mg/kg)	国标编号	ADI (mg/kg bw)
13	苯醚甲环唑 (difenoconazole)	柑橘	0.2	GB 2763—2014	0.01
		仁果类(苹果、梨除外)	0.5		
		苹果	0.5		
		梨	0.5		
		李子	0.2		
		李子干	0.2		
		桃	0.5		
		油桃	0.5		
		樱桃	0.2		
		西番莲	0.05		
		橄榄	2		
		荔枝	0.5		
		杧果	0.07		
		香蕉	1		
		木瓜	0.2		
		西瓜	0.1		
14	苯霜灵 (benalaxyl)	葡萄	0.3	GB 2763—2014	0.07
		西瓜	0.1		
		甜瓜类水果	0.3		
15	苯酰菌胺 (zoxamide)	葡萄	5	GB 2763—2014	0.5
		葡萄干	15		
		瓜果类水果	2		
16	苯线磷 (fenamiphos)	仁果类水果	0.02	GB 2763—2014	0.0008
		柑橘类水果	0.02		
		核果类水果	0.02		
		浆果和其他小型水果	0.02		
		热带和亚热带水果	0.02		
		瓜果类水果	0.02		
17	吡丙醚(pyriproxyfen)	柑橘类水果	0.5	GB 2763—2014	0.1
18	吡草醚 (pyraflufen-ethyl)	苹果	0.03	GB 2763—2014	0.2
19	吡虫啉 (imidacloprid)	柑橘	1	GB 2763—2014	0.06
		苹果	0.5		
		梨	0.5		
20	吡唑醚菌酯 (pyraclostrobin)	苹果	0.5	GB 2763—2014	0.03
		葡萄	2		
		荔枝	0.05		
		杧果	0.05		
		香蕉	0.02		
		西瓜	0.5		
		甜瓜	0.5		

续表

序号	农药名称	水果名称	MRL （mg/kg）	国标编号	ADI （mg/kg bw）
21	丙环唑 （propiconazol）	苹果 越橘 香蕉 菠萝	0.1 0.3 1 0.02	GB 2763—2014	0.07
22	丙炔氟草胺 （flumioxazin）	柑橘	0.05	GB 2763—2014	0.02
23	丙森锌 （propineb）	苹果 梨 核果类水果（樱桃除外） 樱桃 葡萄	5 5 7 0.2 5	GB 2763—2014	0.007
24	丙溴磷 （profenofos）	柑橘 苹果 杧果 山竹	0.2 0.05 0.2 10	GB 2763—2014	0.03
25	草铵膦（glufosinate -ammonium）	柑橘 香蕉 木瓜	0.5* 0.2* 0.2*	GB 2763—2014	0.01
26	草甘膦 （glyphosate）	柑橘 苹果 仁果类水果（苹果除外） 柑橘类水果（柑橘除外） 核果类水果 浆果和其他小型水果 热带和亚热带水果 瓜果类水果	0.5 0.5 0.1 0.1 0.1 0.1 0.1 0.1	GB 2763—2014	1
27	虫酰肼 （tebufenozide）	柑橘类水果 仁果类水果 桃 油桃 蓝莓 醋栗（红、黑） 越橘 葡萄 葡萄干 猕猴桃 鳄梨	2 1 0.5 0.5 3 2 0.5 2 2 0.5 1	GB 2763—2014	0.02

序号	农药名称	水果名称	MRL (mg/kg)	国标编号	ADI (mg/kg bw)
28	除虫脲 (diflubenzuron)	苹果 梨 柑橘 橙 柚 柠檬 仁果类水果(苹果、梨除外)	2 1 1 1 1 1 5	GB 2763—2014	0.02
29	春雷霉素 (kasugamycin)	柑橘 荔枝	0.1* 0.05*	GB 2763—2014	0.113
30	哒螨灵 (pyridaben)	柑橘 苹果	2 2	GB 2763—2014	0.01
31	代森铵(amobam)	苹果	5*	GB 2763—2014	0.03
32	代森联 (metriam)	柑橘 仁果类水果(苹果除外) 苹果 加仑子(黑、红、白) 葡萄 西瓜 甜瓜	3 5 5 10 5 1 0.5	GB 2763—2014	0.03
33	代森锰锌 (mancozeb)	柑橘 苹果 梨 枣 黑莓 醋栗 葡萄 猕猴桃 草莓 荔枝 杧果 香蕉 菠萝 西瓜	3 5 5 2 5 5 5 2 5 5 2 1 2 1	GB 2763—2014	0.03
34	代森锌(zineb)	西瓜	1	GB 2763—2014	0.03
35	单甲脒和单甲脒盐酸盐 (semiamitraz 和 semiamitraz chloride)	苹果 梨 柑橘	0.5 0.5 0.5	GB 2763—2014	0.004
36	单氰胺(cyanamide)	葡萄	0.05*	GB 2763—2014	0.002
37	稻丰散(phenthoate)	柑橘	1	GB 2763—2014	0.003

续表

序号	农药名称	水果名称	MRL (mg/kg)	国标编号	ADI (mg/kg bw)
38	敌百虫 (trichlorfon)	仁果类水果 柑橘类水果 核果类水果 浆果和其他小型水果 热带和亚热带水果 瓜果类水果	0.2 0.2 0.2 0.2 0.2 0.2	GB 2763—2014	0.002
39	敌草快 (diquat)	苹果	0.1	GB 2763—2014	0.005
40	敌敌畏 (dichlorvos)	桃 仁果类水果 柑橘类水果 核果类水果（桃除外） 浆果和其他小型水果 热带和亚热带水果 瓜果类水果	0.1 0.2 0.2 0.2 0.2 0.2 0.2	GB 2763—2014	0.004
41	敌螨普 (dinocap)	苹果 桃 葡萄 草莓 瓜果类水果 （甜瓜类水果除外） 甜瓜类水果	0.2* 0.1* 0.5* 0.5* 0.05* 0.5*	GB 2763—2014	0.008
42	地虫硫磷 (fonofos)	仁果类水果 柑橘类水果 核果类水果 浆果和其他小型水果 热带和亚热带水果 瓜果类水果	0.01 0.01 0.01 0.01 0.01 0.01	GB 2763—2014	0.002
43	丁苯吗啉 (fenpropimorph)	香蕉	2	GB 2763—2014	0.003
44	丁硫克百威 (carbosulfan)	柑橘 橙 柚 柠檬 苹果	1 0.1 0.1 0.1 0.2	GB 2763—2014	0.01
45	丁醚脲 (diafenthiuron)	柑橘	0.2*	GB 2763—2014	0.003
46	丁香菌酯 (coumoxystrobin)	苹果	0.2*	GB 2763—2014	0.045

续表

序号	农药名称	水果名称	MRL值 (mg/kg)	国标编号	ADI (mg/kg bw)
47	啶虫脒 (acetamiprid)	苹果	0.8	GB 2763—2014	0.07
		柑橘	0.5		
		仁果类水果(苹果除外)	2		
		柑橘类水果(柑橘除外)	2		
		核果类水果	2		
		浆果和其他小型水果	2		
		热带和亚热带水果	2		
		瓜果类水果	2		
48	啶酰菌胺 (boscalid)	苹果	2	GB 2763—2014	0.04
		甜瓜	3		
		草莓	3		
49	啶氧菌酯 (picoxystrobin)	西瓜	0.05	GB 2763—2014	0.043
50	毒死蜱 (chlorpyrifos)	苹果	1	GB 2763—2014	0.01
		梨	1		
		柑橘	1		
		橙	2		
		柚	2		
		柠檬	2		
		荔枝	1		
		龙眼	1		
51	对硫磷 (parathion)	仁果类水果	0.01	GB 2763—2014	0.004
		柑橘类水果	0.01		
		核果类水果	0.01		
		浆果和其他小型水果	0.01		
		热带和亚热带水果	0.01		
		瓜果类水果	0.01		
52	多果定 (dodine)	仁果类水果	5	GB 2763—2014	0.1
		桃	5		
		油桃	5		
		樱桃	3		

续表

序号	农药名称	水果名称	MRL（mg/kg）	国标编号	ADI（mg/kg bw）
53	多菌灵（carbendazim）	柑橘	5	GB 2763—2014	0.03
		橙	0.5		
		柚	0.5		
		柠檬	0.5		
		仁果类水果（苹果、梨除外）	3		
		苹果	3		
		梨	3		
		葡萄	3		
		桃	2		
		油桃	2		
		李子	0.5		
		李子干	0.5		
		杏	2		
		樱桃	0.5		
		枣	0.5		
		草莓	0.5		
		黑莓	0.5		
		醋栗	0.5		
		西瓜	0.5		
		无花果	0.5		
		橄榄	0.5		
		香蕉	0.1		
		菠萝	0.5		
		猕猴桃	0.5		
		荔枝	0.5		
		杧果	0.5		
54	多杀霉素（spinosad）	柑橘类水果	0.3	GB 2763—2014	0.02
		苹果	0.1		
		核果类水果	0.2		
		越橘	0.02		
		蓝莓	0.4		
		黑莓	1		
		醋栗（红、黑）	1		
		露莓（包括波森莓和罗甘莓）	1		
		葡萄	0.5		
		葡萄干	1		
		西番莲	0.7		
		猕猴桃	0.05		
		瓜果类水果	0.2		
55	多效唑（paclobutrazol）	苹果	0.5	GB 2763—2014	0.1
		荔枝	0.5		
56	噁霉灵（hymexazol）	西瓜	0.5*	GB 2763—2014	0.2

序号	农药名称	水果名称	MRL (mg/kg)	国标编号	ADI (mg/kg bw)
57	噁唑菌酮 (famoxadone)	苹果 梨 香蕉 柑橘 橙 柚 柠檬	0.2 0.2 0.5 1 1 1 1	GB 2763—2014	0.006
58	二嗪磷 (diazinon)	仁果类水果 桃 樱桃 李子 李子干 哈密瓜 加仑子(黑、红、白) 黑莓 醋栗(红、黑) 越橘 波森莓 草莓 菠萝	0.3 0.2 1 1 2 0.2 0.2 0.1 0.2 0.2 0.1 0.1 0.1	GB 2763—2014	0.005
59	二苯胺 (diphenylamine)	苹果 梨	5 5	GB 2763—2014	0.08
60	二氰蒽醌 (dithianon)	苹果 梨	5 2	GB 2763—2014	0.01
61	伏杀硫磷 (phosalone)	仁果类水果 核果类水果	2 2	GB 2763—2014	0.02
62	氟苯脲 (teflubenzuron)	柑橘 仁果类水果 李子 李子干	0.5 1 0.1 0.1	GB 2763—2014	0.01
63	氟吡禾灵 (haloxyfop)	柑橘类水果 仁果类水果 核果类水果 葡萄 香蕉	0.02 0.02 0.02 0.02 0.02	GB 2763—2014	0.0007
64	氟吡菌胺 (fluopicolide)	西瓜	0.1*	GB 2763—2014	0.08
65	氟虫脲 (flufenoxuron)	苹果 梨 柑橘 柠檬 柚	1 1 0.5 0.5 0.5	GB 2763—2014	0.04

续表

序号	农药名称	水果名称	MRL (mg/kg)	国标编号	ADI (mg/kg bw)
66	氟啶虫酰胺 (flonicamid)	苹果	1	GB 2763—2014	0.025
67	氟啶脲 (chlorfluazuron)	柑橘	0.5	GB 2763—2014	0.005
68	氟硅唑 (flusilazole)	仁果类水果(苹果、梨除外) 苹果 梨 桃 油桃 杏 葡萄 香蕉	0.3 0.2 0.2 0.2 0.2 0.2 0.5 1	GB 2763—2014	0.007
69	氟环唑 (epoxiconazole)	苹果 香蕉	0.5 3	GB 2763—2014	0.02
70	氟氯氰菊酯和高效氟氯氰菊酯(cyfluthrin 和 beta-cyfluthrin)	柑橘类水果 柑橘脯 苹果 梨	0.3 2 0.5 0.1	GB 2763—2014	0.04
71	氟吗啉 (flumorph)	葡萄 荔枝	5* 0.1*	GB 2763—2014	0.16
72	氟氰戊菊酯 (flucythrinate)	苹果 梨	0.5 0.5	GB 2763—2014	0.02
73	氟酰脲 (novaluron)	仁果类水果 核果类水果 李子干 蓝莓 草莓	3 7 3 7 0.5	GB 2763—2014	0.01
74	腐霉利 (procymidone)	葡萄 草莓	5 10	GB 2763—2014	0.1
75	福美双 (thiram)	苹果	5	GB 2763—2014	0.01
76	福美锌 (ziram)	苹果	5	GB 2763—2014	0.003

序号	农药名称	水果名称	MRL (mg/kg)	国标编号	ADI (mg/kg bw)
77	环酰菌胺 (fenhexamid)	李子	1*	GB 2763—2014	0.2
		李子干	1*		
		杏	10*		
		樱桃	7*		
		桃	10*		
		油桃	10*		
		越橘	5*		
		黑莓	15*		
		蓝莓	5*		
		加仑子(黑、红、白)	5*		
		悬钩子	5*		
		桑葚	5*		
		唐棣	5*		
		露莓(包括罗甘莓和波森莓)	15*		
		醋栗(红、黑)	15*		
		葡萄	15*		
		葡萄干	25*		
		猕猴桃	15*		
		草莓	10*		
78	己唑醇 (hexaconazole)	苹果	0.5	GB 2763—2014	0.005
		梨	0.5		
		葡萄	0.1		
79	甲氨基阿维菌素苯甲酸盐 (emamectin benzoate)	梨	0.02*	GB 2763—2014	0.0005
80	甲胺磷 (methamidophos)	仁果类水果	0.05	GB 2763—2014	0.004
		柑橘类水果	0.05		
		核果类水果	0.05		
		浆果和其他小型水果	0.05		
		热带和亚热带水果	0.05		
		瓜果类水果	0.05		
81	甲拌磷 (phorate)	仁果类水果	0.01	GB 2763—2014	0.0007
		柑橘类水果	0.01		
		核果类水果	0.01		
		浆果和其他小型水果	0.01		
		热带和亚热带水果	0.01		
		瓜果类水果	0.01		
82	甲苯氟磺胺 (tolylfluanid)	仁果类水果	5	GB 2763—2014	0.08
		黑莓	5		
		加仑子(黑、红、白)	0.5		
		醋栗(红、黑)	5		
		葡萄	3		
		草莓	5		

续表

序号	农药名称	水果名称	MRL（mg/kg）	国标编号	ADI（mg/kg bw）
83	甲基对硫磷（parathion-methyl）	仁果类水果（苹果除外） 柑橘类水果 核果类水果 浆果和其他小型水果 热带和亚热带水果 瓜果类水果 苹果	0.02 0.02 0.02 0.02 0.02 0.02 0.01	GB 2763—2014	0.003
84	甲基硫环磷（phosfolan-methyl）	仁果类水果 柑橘类水果 核果类水果 浆果和其他小型水果 热带和亚热带水果 瓜果类水果	0.03* 0.03* 0.03* 0.03* 0.03* 0.03*	GB 2763—2014	还没有
85	甲基硫菌灵（thiophanate-methyl）	苹果 西瓜	3 2	GB 2763—2014	0.08
86	甲基异柳磷（isofenphos-methyl）	仁果类水果 柑橘类水果 核果类水果 浆果和其他小型水果 热带和亚热带水果 瓜果类水果	0.01* 0.01* 0.01* 0.01* 0.01* 0.01*	GB 2763—2014	0.003
87	甲硫威（methiocarb）	草莓 甜瓜类水果	1 0.2	GB 2763—2014	0.02
88	甲氰菊酯（fenpropathrin）	仁果类水果 柑橘类水果 核果类水果 浆果和其他小型水果（葡萄除外） 热带和亚热带水果 瓜果类水果 葡萄	5 5 5 5 5 5 5	GB 2763—2014	0.03
89	甲霜灵和精甲霜灵（metalaxyl 和 metalaxyl-M）	柑橘类水果 仁果类水果 醋栗（红、黑） 葡萄 荔枝 鳄梨 西瓜 甜瓜类水果	5 1 0.2 1 0.5 0.2 0.2 0.2	GB 2763—2014	0.08

续表

序号	农药名称	水果名称	MRL (mg/kg)	国标编号	ADI (mg/kg bw)
90	甲氧虫酰肼 (methoxyfenozide)	苹果	3	GB 2763—2014	0.1
91	腈苯唑 (fenbuconazole)	仁果类水果 桃 杏 樱桃 葡萄 香蕉 甜瓜类水果	0.1 0.5 0.5 1 1 0.05 0.2	GB 2763—2014	0.03
92	腈菌唑 (myclobutanil)	柑橘 仁果类水果(苹果、梨除外) 苹果 梨 核果类水果(李子除外) 李子 李子干 葡萄 草莓 荔枝 香蕉	5 0.5 0.5 0.5 2 0.2 0.5 1 1 0.5 2	GB 2763—2014	0.03
93	久效磷 (monocrotophos)	仁果类水果 柑橘类水果 核果类水果 浆果和其他小型水果 热带和亚热带水果 瓜果类水果	0.03 0.03 0.03 0.03 0.03 0.03	GB 2763—2014	0.0006
94	抗蚜威 (pirimicarb)	柑橘类水果 仁果类水果 桃 油桃 李子 杏 樱桃 枣 浆果及其他小粒水果 瓜果类水果(甜瓜类水果除外) 甜瓜类水果	3 1 0.5 0.5 0.5 0.5 0.5 0.5 1 1 0.2	GB 2763—2014	0.02

续表

序号	农药名称	水果名称	MRL (mg/kg)	国标编号	ADI (mg/kg bw)
95	克百威 (carbofuran)	柑橘类水果 仁果类水果 核果类水果 浆果和其他小型水果 热带和亚热带水果 瓜果类水果	0.02 0.02 0.02 0.02 0.02 0.02	GB 2763—2014	0.001
96	克菌丹 (captan)	柑橘 仁果类水果(苹果、梨除外) 苹果 梨 桃 油桃 李子 李子干 樱桃 蓝莓 醋栗(红,黑) 葡萄 草莓 甜瓜类水果	5 15 15 15 20 3 10 10 25 20 20 5 15 10	GB 2763—2014	0.1
97	喹啉铜(oxine-copper)	苹果	2*	GB 2763—2014	0.02
98	喹硫磷(quinalphos)	柑橘	0.5*	GB 2763—2014	0.0005
99	喹氧灵 (quinoxyfen)	樱桃 加仑子(黑) 葡萄 草莓 甜瓜类水果	0.4* 1* 2* 1* 0.1*	GB 2763—2014	0.2
100	乐果 (dimethoate)	梨 苹果 柑橘 橙 柚 柠檬 桃 油桃 李子 杏 樱桃 枣	1* 1* 2* 2* 2* 2* 2* 2* 2* 2* 2* 2*	GB 2763—2014	0.002

续表

序号	农药名称	水果名称	MRL (mg/kg)	国标编号	ADI (mg/kg bw)
101	联苯肼酯 (bifenazate)	柑橘	0.7	GB 2763—2014	0.01
		仁果类水果(苹果除外)	0.7		
		苹果	0.2		
		核果类水果	2		
		黑莓	7		
		露莓(包括波森 莓和罗甘莓)	7		
		醋栗(红、黑)	7		
		葡萄	0.7		
		葡萄干	2		
		草莓	2		
		瓜果类水果	0.5		
102	联苯菊酯 (bifenthrin)	柑橘	0.05	GB 2763—2014	0.01
		橙	0.05		
		柚	0.05		
		柠檬	0.05		
		苹果	0.5		
		梨	0.5		
		黑莓	1		
		露莓(包括波森莓和罗甘莓)	1		
		醋栗(红、黑)	1		
		草莓	1		
		香蕉	0.1		
103	联苯三唑醇 (bitertanol)	仁果类水果	2	GB 2763—2014	0.01
		桃	1		
		油桃	1		
		杏	1		
		李子	2		
		李子干	2		
		樱桃	1		
		香蕉	0.5		
104	磷胺 (phosphamidon)	仁果类水果	0.05	GB 2763—2014	0.0005
		柑橘类水果	0.05		
		核果类水果	0.05		
		浆果和其他小型水果	0.05		
		热带和亚热带水果	0.05		
		瓜果类水果	0.05		
105	磷化氢 (hydrogen phosphide)	干制水果	0.01	GB 2763—2014	0.011
106	邻苯基苯酚 (2-phenylphenol)	柑橘类水果	10	GB 2763—2014	0.4
		干柑橘脯	60		
		梨	20		

续表

序号	农药名称	水果名称	MRL (mg/kg)	国标编号	ADI (mg/kg bw)
107	硫丹 (endosulfan)	苹果 梨 瓜果类水果 荔枝	1* 1* 2* 2*	GB 2763—2014	0.006
108	硫环磷 (phosfolan)	仁果类水果 柑橘类水果 核果类水果 浆果和其他小型水果 热带和亚热带水果 瓜果类水果	0.03* 0.03* 0.03* 0.03* 0.03* 0.03*	GB 2763—2014	0.005
109	硫酰氟 (sulfuryl fluoride)	干制水果	0.06*	GB 2763—2014	0.01
110	硫线磷(cadusafos)	柑橘	0.005	GB 2763—2014	0.0005
111	螺虫乙酯 (spirotetramat)	柑橘类水果(柑橘除外) 柑橘 仁果类水果 核果类水果 李子干 葡萄 葡萄干 猕猴桃 荔枝 杧果 番木瓜 瓜果类水果	0.5* 1* 0.7* 3* 5* 2* 4* 0.02* 15* 0.3* 0.4* 0.2*	GB 2763—2014	0.05
112	螺螨酯(spirodiclofen)	柑橘	0.5	GB 2763—2014	0.01
113	氯苯嘧啶醇 (fenarimol)	仁果类水果(苹果、梨除外) 苹果 梨 桃 樱桃 葡萄 葡萄干 草莓 香蕉 甜瓜类水果	0.3 0.3 0.3 0.5 1 0.3 0.2 1 0.2 0.05	GB 2763—2014	0.01

续表

序号	农药名称	水果名称	MRL (mg/kg)	国标编号	ADI (mg/kg bw)
114	氯吡脲 (forchlorfenuron)	橙	0.05	GB 2763—2014	0.07
		枇杷	0.05		
		猕猴桃	0.05		
		葡萄	0.05		
		西瓜	0.1		
		甜瓜	0.1		
115	氯虫苯甲酰胺 (chlorantraniliprole)	柑橘类水果	0.5*	GB 2763—2014	2
		仁果类水果(苹果除外)	0.4*		
		苹果	2*		
		核果类水果	1*		
		浆果及其他小粒水果	1*		
		瓜果类水果	0.3*		
116	氯氟氰菊酯和高效氯氟氰菊酯(cyhalothrin 和 lambda-cyhalothrin)	柑橘类水果(柑橘除外)	0.2	GB 2763—2014	0.02
		柑橘	0.2		
		仁果类水果(苹果、梨除外)	0.2		
		苹果	0.2		
		梨	0.2		
		桃	0.5		
		油桃	0.5		
		杏	0.5		
		李子	0.2		
		李子干	0.2		
		樱桃	0.3		
		葡萄干	0.3		
		浆果及其他小粒水果	0.2		
		橄榄	1		
		荔枝	0.1		
		杧果	0.2		
		瓜果类水果	0.05		
117	氯化苦 (chloropicrin)	草莓	0.05*	GB 2763—2014	0.001
		甜瓜	0.05*		

续表

序号	农药名称	水果名称	MRL (mg/kg)	国标编号	ADI (mg/kg bw)
118	氯菊酯 (permethrin)	柑橘类水果	2	GB 2763—2014	0.05
		仁果类水果	2		
		核果类水果	2		
		浆果和其他小型水果（单列的除外）	2		
		悬钩子	2		
		加仑子（黑、红、白）	2		
		黑莓	1		
		醋栗（红、黑）	1		
		露莓（包括波森莓和罗甘莓）	1		
		猕猴桃	2		
		葡萄	2		
		草莓	1		
		热带和亚热带水果（橄榄除外）	2		
		橄榄	1		
		瓜果类水果	2		
119	氯氰菊酯和高效氯氰菊酯（cypermethrin 和 beta-cypermethrin）	橙	2	GB 2763—2014	0.02
		柚	2		
		柠檬	2		
		柑橘	1		
		苹果	2		
		梨	2		
		核果类水果（桃除外）	2		
		桃	1		
		葡萄	0.2		
		葡萄干	0.5		
		草莓	0.07		
		橄榄	0.05		
		杨桃	0.2		
		龙眼	0.5		
		荔枝	0.5		
		杧果	0.7		
		番木瓜	0.5		
		榴梿	1		
		瓜果类水果	0.07		
120	氯噻啉（imidaclothiz）	柑橘	0.2*	GB 2763—2014	0.025
121	氯硝胺 (dicloran)	桃	7	GB 2763—2014	0.01
		油桃	7		
		葡萄	7		

续表

序号	农药名称	水果名称	MRL (mg/kg)	国标编号	ADI (mg/kg bw)
122	氯唑磷 (isazofos)	仁果类水果 柑橘类水果 核果类水果 浆果和其他小型水果 热带和亚热带水果 瓜果类水果	0.01* 0.01* 0.01* 0.01* 0.01* 0.01*	GB 2763—2014	0.00005
123	咪鲜胺和咪鲜胺锰盐 (prochloraz 和 prochloraz-manganese chloride complex)	柑橘类水果(柑橘除外) 柑橘 苹果 葡萄 皮不可食热带和亚热带水果(单列的除外) 荔枝 龙眼 杧果 香蕉 西瓜	10 5 2 2 7 2 5 2 5 0.1	GB 2763—2014	0.01
124	马拉硫磷 (malathion)	柑橘 苹果 梨 橙 柚 柠檬 桃 油桃 李子 杏 樱桃 枣 葡萄 草莓 荔枝	2 2 2 4 4 4 6 6 6 6 6 6 8 1 0.5	GB 2763—2014	0.3
125	醚菊酯 (etofenprox)	苹果 梨 桃 油桃 葡萄干	0.6 0.6 0.6 0.6 8	GB 2763—2014	0.03

续表

序号	农药名称	水果名称	MRL（mg/kg）	国标编号	ADI（mg/kg bw）
126	醚菌酯（kresoxim-methyl）	橙	0.5	GB 2763—2014	0.4
		柚	0.5		
		仁果类水果（苹果除外）	0.2		
		苹果	0.2		
		草莓	2		
		橄榄	0.2		
		甜瓜	1		
127	嘧菌酯（azoxystrobin）	柑橘	1	GB 2763—2014	0.2
		葡萄	5		
		荔枝	0.5		
		杧果	1		
		香蕉	2		
		西瓜	1		
128	嘧菌环胺（cyprodinil）	梨	1	GB 2763—2014	0.03
		核果类水果	2		
		李子干	5		
		醋栗（红、黑）	0.5		
		草莓	2		
129	嘧霉胺（pyrimethanil）	柑橘类水果	7	GB 2763—2014	0.2
		仁果类水果（梨除外）	7		
		梨	1		
		桃	4		
		油桃	4		
		杏	3		
		李子	2		
		李子干	2		
		樱桃	4		
		葡萄	4		
		草莓	3		
		香蕉	0.1		
130	灭多威（methomyl）	苹果	2	GB 2763—2014	0.02
		柑橘	1		
131	灭菌丹（folpet）	苹果	10	GB 2763—2014	0.1
		葡萄	10		
		葡萄干	40		
		草莓	5		
		甜瓜类水果	3		

续表

序号	农药名称	水果名称	MRL (mg/kg)	国标编号	ADI (mg/kg bw)
132	灭线磷 (ethoprophos)	仁果类水果 柑橘类水果 核果类水果 浆果和其他小型水果 热带和亚热带水果 瓜果类水果	0.02 0.02 0.02 0.02 0.02 0.02	GB 2763—2014	0.0004
133	萘乙酸和萘乙酸钠 (1-naphthylacetic acid 和 sodium 1-naphthalacitic acid)	苹果	0.1	GB 2763—2014	0.15
134	宁南霉素(ningnanmycin)	苹果	1*		0.24
135	内吸磷 (demeton)	仁果类水果 柑橘类水果 核果类水果 浆果和其他小型水果 热带和亚热带水果 瓜果类水果	0.02 0.02 0.02 0.02 0.02 0.02	GB 2763—2014	0.00004
136	嗪氨灵 (triforine)	苹果 桃 樱桃 李子 李子干 蓝莓 加仑子(黑、红、白) 悬钩子 草莓 瓜果类水果	2 5 2 2 2 1 1 1 1 0.5	GB 2763—2014	0.02
137	氰霜唑 (cyazofamid)	葡萄 荔枝	1* 0.02*	GB 2763—2014	0.17
138	氰戊菊酯和 S-氰戊菊酯 (fenvalerate 和 esfenvalerate)	仁果类水果(苹果、梨除外) 柑橘类水果(柑橘除外) 核果类水果 浆果和其他小型水果 热带和亚热带水果 瓜果类水果 苹果 梨 柑橘	0.2 0.2 0.2 0.2 0.2 0.2 1 1 1	GB 2763—2014	0.02

续表

序号	农药名称	水果名称	MRL (mg/kg)	国标编号	ADI (mg/kg bw)
139	炔螨特 (propargite)	苹果 梨 橙 柑橘 柚 柠檬	5 5 5 5 5 5	GB 2763—2014	0.01
140	噻苯隆 (thidiazuron)	葡萄 甜瓜	0.05* 0.05*	GB 2763—2014	0.04
141	噻虫啉 (thiacloprid)	仁果类水果 核果类水果 浆果及其他小粒水果（猕猴桃除外） 猕猴桃 甜瓜类水果	0.7 0.5 1 0.2 0.2	GB 2763—2014	0.01
142	噻虫嗪（thiamethoxam）	西瓜	0.2	GB 2763—2014	0.08
143	噻菌灵 (thiabendazole)	柑橘 柚 橙 柠檬 仁果类水果 杧果 鳄梨 木瓜 香蕉	10 10 10 10 3 5 15 10 5	GB 2763—2014	0.1
144	噻螨酮 (hexythiazox)	柑橘 橙 柚 柠檬 仁果类水果（苹果、梨除外） 苹果 梨 核果类水果（枣除外） 枣 李子干 葡萄 葡萄干 草莓 瓜果类水果	0.5 0.5 0.5 0.5 0.4 0.5 0.5 0.3 2 1 1 1 0.5 0.05	GB 2763—2014	0.03
145	噻嗪酮 (buprofezin)	柑橘 橙 柚 柠檬	0.5 0.5 0.5 0.5	GB 2763—2014	0.0.009

续表

序号	农药名称	水果名称	MRL (mg/kg)	国标编号	ADI (mg/kg bw)
146	噻唑锌(zinc-thiazole)	柑橘	0.5*	GB 2763—2014	0.01
147	三氯杀螨醇 (dicofol)	苹果 梨 柑橘 橙 柚 柠檬	1 1 1 1 1 1	GB 2763—2014	0.002
148	三氯杀螨砜(tetradifon)	苹果	2	GB 2763—2014	0.02
149	三乙膦酸铝 (fosetyl-aluminium)	苹果 荔枝	30* 1*	GB 2763—2014	3
150	三环锡 (cyhexatin)	橙 加仑子(黑、红、白) 葡萄	0.2 0.1 0.3	GB 2763—2014	0.007
151	三唑醇 (triadimenol)	苹果 加仑子(黑、红、白) 葡萄干 草莓 香蕉 菠萝 瓜果类水果	0.3 0.7 10 0.7 1 5 0.2	GB 2763—2014	0.03
152	三唑磷 (triazophos)	苹果 柑橘 荔枝	0.2 0.2 0.2	GB 2763—2014	0.001
153	三唑酮 (triadimefon)	柑橘 苹果 梨 加仑子(黑、红、白) 葡萄干 草莓 荔枝 香蕉 菠萝 瓜果类水果	1 1 0.5 0.7 10 0.7 0.05 0.05 5 0.2	GB 2763—2014	0.03
154	三唑锡 (azocyclotin)	柑橘 橙 柚 柠檬 苹果 梨 加仑子(红、黑、白) 葡萄	2 0.2 0.2 0.2 0.5 0.2 0.1 0.3	GB 2763—2014	0.003

续表

序号	农药名称	水果名称	MRL (mg/kg)	国标编号	ADI (mg/kg bw)
155	杀草强 (amitrole)	仁果类水果 核果类水果 葡萄	0.05 0.05 0.05	GB 2763—2014	0.002
156	杀虫单 (thiosultap-monosodium)	苹果	1	GB 2763—2014	0.01
157	杀虫脒 (chlordimeform)	仁果类水果 柑橘类水果 核果类水果 浆果和其他小型水果 热带和亚热带水果 瓜果类水果	0.01* 0.01* 0.01* 0.01* 0.01* 0.01*	GB 2763—2014	0.001
158	杀铃脲 (triflumuron)	苹果 柑橘	0.1 0.05	GB 2763—2014	0.014
159	杀螟丹 (cartap)	柑橘	3	GB 2763—2014	0.1
160	杀螟硫磷 (fenitrothion)	仁果类水果 柑橘类水果 核果类水果 浆果和其他小型水果 热带和亚热带水果 瓜果类水果	0.5* 0.5* 0.5* 0.5* 0.5* 0.5*	GB 2763—2014	0.006
161	杀扑磷(methidathion)	柑橘	2	GB 2763—2014	0.001
162	杀线威 (oxamyl)	柑橘类水果 甜瓜类水果	5 2	GB 2763—2014	0.009
163	双胍三辛烷基苯磺酸盐 (iminoctadinetris (albesilate)	柑橘 苹果 葡萄 西瓜	3* 2* 1* 0.2*	GB 2763—2014	0.009
164	双甲脒 (amitraz)	柑橘 橙 柚 柠檬 仁果类水果(苹果、梨除外) 苹果 梨 樱桃 桃	0.5 0.5 0.5 0.5 0.5 0.5 0.5 0.5 0.5	GB 2763—2014	0.01

序号	农药名称	水果名称	MRL (mg/kg)	国标编号	ADI (mg/kg bw)
165	双炔酰菌胺 (mandipropamid)	葡萄 荔枝 西瓜 甜瓜类水果	2* 0.2* 0.2* 0.5*	GB 2763—2014	0.2
166	霜霉威和霜霉威盐酸盐 (propamocarb 和 propa-mocarb hydrochloride)	葡萄 瓜果类水果	2 5	GB 2763—2014	0.4
167	霜脲氰 (cymoxanil)	葡萄 荔枝	0.5 0.1	GB 2763—2014	0.013
168	水胺硫磷 (isocarbophos)	苹果 柑橘	0.01 0.02	GB 2763—2014	0.003
169	四螨嗪 (clofentezine)	柑橘 橙 柚 柠檬 仁果类水果(苹果、梨除外) 苹果 梨 核果类水果(枣除外) 枣 加仑子(黑、红、白) 葡萄 葡萄干 草莓 甜瓜类水果	0.5 0.5 0.5 0.5 0.5 0.5 0.5 0.5 1 0.2 2 2 2 0.1	GB 2763—2014	0.02
170	特丁硫磷 (terbufos)	仁果类水果 柑橘类水果 核果类水果 浆果和其他小型水果 热带和亚热带水果 瓜果类水果	0.01 0.01 0.01 0.01 0.01 0.01	GB 2763—2014	0.0006
171	涕灭威 (aldicarb)	仁果类水果 柑橘类水果 核果类水果 浆果和其他小型水果 热带和亚热带水果 瓜果类水果	0.02 0.02 0.02 0.02 0.02 0.02	GB 2763—2014	0.003
172	肟菌酯 (trifloxystrobin)	柑橘 苹果	0.5 0.7	GB 2763—2014	0.04

续表

序号	农药名称	水果名称	MRL (mg/kg)	国标编号	ADI (mg/kg bw)
173	五氯硝基苯(quintozene)	西瓜	0.02	GB 2763—2014	0.01
174	戊菌唑 (penconazole)	仁果类水果	0.2	GB 2763—2014	0.03
		油桃	0.1		
		桃	0.1		
		葡萄	0.2		
		葡萄干	0.5		
		草莓	0.1		
		甜瓜类水果	0.1		
175	戊唑醇 (tebuconazole)	柑橘	2	GB 2763—2014	0.03
		仁果类水果(苹果、梨除外)	0.5		
		苹果	2		
		梨	0.5		
		桃	2		
		樱桃	4		
		杏	2		
		油桃	2		
		李子	1		
		李子干	3		
		桑葚	1.5		
		葡萄	2		
		橄榄	0.05		
		杧果	0.05		
		西番莲	0.1		
		番木瓜	2		
		甜瓜类水果	0.15		
176	烯啶虫胺(nitenpyram)	柑橘	0.5*	GB 2763—2014	0.53
178	烯酰吗啉 (dimethomorph)	葡萄	5	GB 2763—2014	0.2
		草莓	0.05		
		菠萝	0.01		
		瓜果类水果(甜瓜除外)	0.5		
		甜瓜	0.5		
179	烯唑醇 (diniconazole)	苹果	0.2	GB 2763—2014	0.005
		梨	0.1		
		柑橘	1		
		葡萄	0.2		
		香蕉	2		

序号	农药名称	水果名称	MRL (mg/kg)	国标编号	ADI (mg/kg bw)
180	辛硫磷 (phoxim)	柑橘类水果	0.05	GB 2763—2014	0.004
		仁果类水果(梨除外)	0.05		
		梨	0.05		
		核果类水果	0.05		
		浆果和其他小型水果	0.05		
		热带和亚热带水果	0.05		
		瓜果类水果	0.05		
181	溴甲烷(methyl bromide)	草莓	30	GB 2763—2014	1
182	溴菌腈(bromothalonil)	苹果	0.2*	GB 2763—2014	0.001
183	溴螨酯 (bromopropylate)	柑橘	2	GB 2763—2014	0.03
		橙	2		
		柚	2		
		柠檬	2		
		仁果类水果(苹果、梨除外)	2		
		苹果	2		
		梨	2		
		李子	2		
		李子干	2		
		葡萄	2		
		草莓	2		
		甜瓜类水果	0.5		
184	溴氰菊酯 (deltamethrin)	柑橘	0.05	GB 2763—2014	0.01
		橙	0.05		
		柚	0.05		
		柠檬	0.05		
		苹果	0.1		
		梨	0.1		
		核果类水果	0.05		
		葡萄	0.2		
		猕猴桃	0.05		
		草莓	0.2		
		橄榄	1		
		荔枝	0.05		
		杧果	0.05		
		香蕉	0.05		
		菠萝	0.05		
185	蚜灭磷 (vamidothion)	苹果	1	GB 2763—2014	0.008
		梨	1		

续表

序号	农药名称	水果名称	MRL (mg/kg)	国标编号	ADI (mg/kg bw)
186	亚胺硫磷 (phosmet)	柑橘	5	GB 2763—2014	0.01
		橙	5		
		柚	5		
		柠檬	5		
		仁果类水果	3		
		桃	10		
		油桃	10		
		杏	10		
		蓝莓	10		
		葡萄	10		
187	亚砜磷 (oxydemeton-methyl)	梨	0.05	GB 2763—2014	0.0003
		柠檬	0.2		
188	亚胺唑 (imibenconazole)	柑橘	1*	GB 2763—2014	0.0098
		苹果	1*		
		青梅	3*		
		葡萄	3*		
189	烟碱 (nicotine)	柑橘	0.2	GB 2763—2014	0.0008
190	氧乐果 (omethoate)	仁果类水果	0.02	GB 2763—2014	0.0003
		柑橘类水果	0.02		
		核果类水果	0.02		
		浆果和其他小型水果	0.02		
		热带和亚热带水果	0.02		
		瓜果类水果	0.02		
191	乙螨唑 (etoxazole)	柑橘	0.5	GB 2763—2014	0.05
192	乙烯利 (ethephon)	苹果	5	GB 2763—2014	0.05
		樱桃	10		
		蓝莓	20		
		葡萄	1		
		葡萄干	5		
		猕猴桃	2		
		荔枝	2		
		杧果	2		
		香蕉	2		
		菠萝	2		
		哈密瓜	1		
		干制无花果	10		
		无花果蜜饯	10		

续表

序号	农药名称	水果名称	MRL (mg/kg)	国标编号	ADI (mg/kg bw)
193	乙酰甲胺磷 (acephate)	柑橘类水果 仁果类水果 核果类水果 浆果和其他小型水果 (越橘除外) 越橘 热带和亚热带水果 瓜果类水果	0.5 0.5 0.5 0.5 0.5 0.5 0.5	GB 2763—2014	0.03
194	乙氧喹啉(ethoxyquin)	梨	3	GB 2763—2014	0.005
195	异菌脲 (iprodione)	苹果 梨 葡萄 香蕉	5 5 10 10	GB 2763—2014	0.06
196	抑霉唑 (imazalil)	柑橘 橙 柚 柠檬 仁果类水果 醋栗(红、黑) 草莓 柿 甜瓜类水果	5 5 5 5 5 2 2 2 2	GB 2763—2014	0.03
197	蝇毒磷 (coumaphos)	仁果类水果 柑橘类水果 核果类水果 浆果和其他小型水果 热带和亚热带水果 瓜果类水果	0.05 0.05 0.05 0.05 0.05 0.05	GB 2763—2014	0.0003
198	莠灭净(ametryn)	菠萝	0.2	GB 2763—2014	0.072
199	增效醚 (piperonyl butoxide)	柑橘类水果 瓜果类水果 干制水果	5 1 0.2	GB 2763—2014	0.2
200	治螟磷 (sulfotep)	仁果类水果 柑橘类水果 核果类水果 浆果和其他小型水果 热带和亚热带水果 瓜果类水果	0.01 0.01 0.01 0.01 0.01 0.01	GB 2763—2014	0.001

续表

序号	农药名称	水果名称	MRL（mg/kg）	国标编号	ADI（mg/kg bw）
201	唑螨酯（fenpyroximate）	苹果 柑橘	0.3 0.2	GB 2763—2014	0.01
202	艾氏剂（aldrin）	仁果类水果 柑橘类水果 核果类水果 浆果和其他小型水果 热带和亚热带水果 瓜果类水果	0.05 0.05 0.05 0.05 0.05 0.05	GB 2763—2014	0.0001
203	滴滴涕（DDT）	仁果类水果 柑橘类水果 核果类水果 浆果和其他小型水果 热带和亚热带水果 瓜果类水果	0.05 0.05 0.05 0.05 0.05 0.05	GB 2763—2014	0.01
204	狄氏剂（dieldrin）	仁果类水果 柑橘类水果 核果类水果 浆果和其他小型水果 热带和亚热带水果 瓜果类水果	0.02 0.02 0.02 0.02 0.02 0.02	GB 2763—2014	0.0001
205	毒杀芬（camphechlor）	仁果类水果 柑橘类水果 核果类水果 浆果和其他小型水果 热带和亚热带水果 瓜果类水果	0.05* 0.05 0.05* 0.05* 0.05* 0.05*	GB 2763—2014	0.00025
206	六六六（HCB）	仁果类水果 柑橘类水果 核果类水果 浆果和其他小型水果 热带和亚热带水果 瓜果类水果	0.05 0.05 0.05 0.05 0.05 0.05	GB 2763—2014	0.005
207	氯丹（chlordane）	仁果类水果 柑橘类水果 核果类水果 浆果和其他小型水果 热带和亚热带水果 瓜果类水果	0.02 0.02 0.02 0.02 0.02 0.02	GB 2763—2014	0.0005

序号	农药名称	水果名称	MRL (mg/kg)	国标编号	ADI (mg/kg bw)
208	灭蚁灵 (mirex)	仁果类水果 柑橘类水果 核果类水果 浆果和其他小型水果 热带和亚热带水果 瓜果类水果	0.01 0.01 0.01 0.01 0.01 0.01	GB 2763—2014	0.0002
209	七氯 (heptachlor)	仁果类水果 柑橘类水果 核果类水果 浆果和其他小型水果 热带和亚热带水果 瓜果类水果	0.01 0.01 0.01 0.01 0.01 0.01	GB 2763—2014	0.0001
210	异狄氏剂 (endrin)	仁果类水果 柑橘类水果 核果类水果 浆果和其他小型水果 热带和亚热带水果 瓜果类水果	0.05 0.05 0.05 0.05 0.05 0.05	GB 2763—2014	0.0002

参 考 文 献

[1] GB 2763—2014 食品安全国家标准　食品中农药最大残留限量[S].